Lecture Notes in Mathematics

A collection of informal reports and seminars
Edited by A. Dold, Heidelberg and B. Eckmann, Zürich

325

Chin-Cheng Chou

Centre Universitaire de Perpignan, Perpignan/France

La Transformation de Fourier Complexe et L'Equation de Convolution

Springer-Verlag

Berlin · Heidelberg · New York 1973

AMS Subject Classifications (1970): 42 A 96, 46 F 15, 32 A 25, 35 R 15

ISBN 3-540-06301-3 Springer-Verlag Berlin · Heidelberg · New York
ISBN 0-387-06301-3 Springer-Verlag New York · Heidelberg · Berlin

Offsetdruck: Julius Beltz, Hemsbach/Bergstr.

<u>TABLE DES MATIERES</u>

INTRODUCTION

Le présent travail s'inspire des travaux de MM. Ehrenpreis et Hörmander sur les équations de convolution (cf. [10], [11], [17]). Nous allons étendre leurs résultats au cas des ultradistributions construites sur une classe des fonctions indéfiniment différentiables non quasi-analytiques (cf. [32], [33]). D'une manière précise, nous étudions le problème d'existence et la régularité d'une solution d'une équation de convolution définie par une ultradistribution à support compact S : soit l'équation

$$S * U = T$$

où U est l'inconnue à prendre dans un certain espace fonctionnel et où T est une donnée, possédant parfois certaines régularités.

Nous commençons, dans le chapitre I, à rappeler la définition et les propriétés dont nous avons besoin dans la suite, des espaces fonctionnels $\mathcal{D}(M_{(p)})$ et leurs duaux topologiques $\mathcal{D}'(M_{(p)})$ qu'on appelle espaces d'ultradistributions (cf. [31], [32] et [33]), nous remarquons ([31]), en particulier, que $\mathcal{D}(M_{(p)})$ est du type Dual de Fréchet-Schwartz et que $\mathcal{D}'(M_{(p)})$ est du type de Fréchet-Schwartz. On dispose alors d'une théorie achevée de la dualité (cf. [15]). On en déduit ainsi que pour que l'application $T \longmapsto S * T$ de $\mathcal{D}'(M_{(p)}, \Omega_1)$ dans $\mathcal{D}'(M_{(p)}, \Omega_2)$ soit surjective il faut et il suffit que le couple d'ouverts (Ω_1 , Ω_2) soit S-convexe (et non pas S-fortement convexe [17] comme dans le cas des distributions) et que la transformation de Fourier de S vérifie certaines conditions de lenteur dans sa décroissance à l'infini. Nous montrerons encore que $\mathcal{D}'(M_{(p)}, \mathbb{R}^n)$ est un espace analytiquement uniforme [12], ce qui permet de résoudre de nouveau l'équation de convolution avec la procédure directe [10].

Au chapitre II , nous avons regroupé quelques résultats sur le module minimum des fonctions holomorphes que nécessitent nos études.

C'est à partir du chapitre III que nous abordons le problème proprement dit : l'inversibilité et la régularité des solutions d'une équation de convolution. Nous caractérisons les ultradistributions S à support compact qui sont $\mathcal{D}'(M_{(p)})$-inversibles, i.e $S^{*}(\mathcal{D}'(M_{(p)})) = \mathcal{D}'(M_{(p)})$. Nous retrouvons, en particulier, un résultat de M. Schapira [31] , résultat également prouvé par M. Björck [2] , lorsque S^{*} est un opérateur différentiel. Nous construisons en particulier une fonction $S \in \mathcal{D}(\mathbb{R}^n)$, qui est inversible à notre sens et utilisant les opérateurs différentiels d'ordre infini, nous avons pu généraliser le résultat $\mathcal{D} * \mathcal{E} = \mathcal{E}$ dû à M. Ehrenpreis [12] , au cas où $\mathcal{E}$ est l'espace des fonctions définies sur $\mathbb{R}^n$ indéfiniment différentiables à valeur dans un Frechet.
A l'aide d'un théorème de type Paley-Wiener sur les fonctionnelles définies sur une classe de fonctions quasi-analytique de M.Neymark [30] , notre méthode permet de retrouver un théorème de M. Martineau [27] , i.e. l'application $T \longmapsto S * T$ applique l'espace $\mathcal{E}_0(P!^{\alpha})$ des fonctions entières d'ordre $\frac{1}{1-\alpha} > 1$ surjectivement sur lui-même pour tout $S \in [\mathcal{E}_0(P!)^{\alpha}]'$.

Nous montrons également que le phénomène de propagation de la régularité d'une solution d'une équation différentielle mis en évidence par F.John et B.Malgrange [23] existe aussi pour des opérateurs $\mathcal{D}'(M_{(p)})$-inversibles.

Dans le chapitre IV , nous étudions le problème de régularité et nous caractérisons les opérateurs possédant l'une des propriétés suivantes :
Toute $T \in \mathcal{D}'(M_{(p)})$ telle que $S * T \in \mathcal{A}$ (resp. $\mathcal{E}(M_{(p)})$ et $\mathcal{E}$, fonctions indéfiniment différentiables sans condition de croissances) est dans $\mathcal{A}$ (resp. $\mathcal{E}(M_{(p)})$ et $\mathcal{E}$) nous disons qu'il est alors elliptique analytique (resp. $M_{(p)}$-hypoelliptique et faiblement $M_{(p)}$-hypoelliptique). Nous montrons que, pour qu'un opérateur de convolution soit faiblement $M_{(p)}$-hypoelliptique pour toutes les classes $M_{(p)}$, il faut et il suffit qu'il soit elliptique analytique. Dans le cas où S est un opérateur différentiel aux dérivées partielles, des résultats similaires sont également

donnés par M. Björck (cf.[2]). Notons qu'il existe des opérateurs de convolution elliptique analytique (à notre sens) qui ne sont pas des translatés des opérateurs différentiels aux dérivées partielles. (cf. La remarque qui suit le n° 2 du chapitre IV. § 3).

Enfin, dans le chapitre V, nous caractérisons des opérateurs hyperboliques, i.e. des opérateurs possédant une solution élémentaire dont le support est contenu dans un cône convexe ne contenant aucune droite. Et nous posons un "problème de Cauchy" pour un tel opérateur.

Un certain nombre de nos résultats, ont été annoncés dans des notes aux Comptes Rendus de l'Académie des Sciences [7] , [8] , [9] .

Nous avons très douloureusement ressenti la disparition brutale de Monsieur André MARTINEAU, de qui nous avons tant appris, aussi bien en mathématiques que dans la vie pratique.

Nous remercions MM. Malliavin, Houzel, Boutet de Monvel de vouloir s'intéresser à notre travail.

CHAPITRE I

LES ESPACES DE $M_{(p)}$-ULTRADISTRIBUTIONS

§ 1 - Les espaces $\mathcal{D}(M_{(p)}, \Omega)$, $\mathcal{E}(M_{(p)}, \Omega)$ et $\mathcal{E}_o(M_{(p)}, \Omega)$ et leurs duaux.

1. Définitions et notations

Les éléments de $\mathbb{R}^n$ seront notés par x, y, ξ ou η , les éléments de $\mathbb{C}^n$ par z, ζ . Le symbole (p) désigne un élément de $\mathbb{N}^n$. Pour z, ζ et (p) donnés, nous écrirons :

$$< z.\zeta > = z_1 \bar{\zeta}_1 + \dots + z_n \bar{\zeta}_n$$

$$\|z\| = |<z.z>|^{1/2}$$

$$z^{(p)} = z_1^{p_1} \dots z_n^{p_n}$$

$$\text{Re } z = (\text{partie réelle } z_1 , \dots, \text{partie réelle } z_n)$$

$$\text{Im } z = (\text{partie imaginaire } z_1, \dots, \text{partie imaginaire } z_n)$$

Soit $(p) \longmapsto M_{(p)}$ une fonction définie sur $\mathbb{N}^n$ à valeurs strictement positives, finie ou non, que nous appelons une suite $M_{(p)}$, soit H un nombre strictement positif et soit U un ouvert de $\mathbb{R}^n$; suivant M. Roumieu [32], [33], nous désignerons par $\mathcal{E}(M_{(p)}, U, H)$ l'espace vectoriel des fonctions φ définies sur U à valeurs complexes indéfiniment différentiables dans U et vérifiant

$$(\text{I.1-1}) \qquad \|\varphi\|_{U,H} = \sup_{(p)} \left(\sup_{x \in U} \left| \frac{D^{(p)}\varphi(x)}{H^{|p|} M_{(p)}} \right| \right) < +\infty$$

où $|p| = p_1 + \dots + p_n$ et $D^{(p)} = \dfrac{\partial^{|p|}}{\partial x_1^{p_1} \dots \partial x_n^{p_n}}$.

La topologie de $\mathcal{E}(M_{(p)}, U, H)$ est définie par la norme $\| \|_{U,H}$ qui en fait un Banach. Dans toute la suite, nous réservons la lettre U pour désigner un ouvert borné de $\mathbb{R}^n$. Etant donné un ouvert Ω de $\mathbb{R}^n$, nous désignons par $\mathcal{E}(M_{(p)}, \Omega)$ l'espace vectoriel des fonctions φ définies sur Ω à valeurs complexes telles que pour tout U avec $\overline{U} \subset \Omega$, il existe un $H > 0$ tel que la restriction de φ à U appartient à $\mathcal{E}(M_{(p)}, U, H)$. On désigne par $\mathcal{E}_o(M_{(p)}, \Omega)$ l'espace vectoriel des fonctions φ telles que pour tout U avec $\overline{U} \subset \Omega$, la restriction de φ à U appartient à $\bigcap_{H > 0} \mathcal{E}(M_{(p)}, U, H)$. On a donc :

$$\mathcal{E}(M_{(p)}, \Omega) = \bigcap_{U,\, \overline{U} \subset \Omega} \Big(\bigcup_{H > 0} \mathcal{E}(M_{(p)}, U, H)\Big)$$

$$\mathcal{E}_o(M_{(p)}, \Omega) = \bigcap_{U,\, \overline{U} \subset \Omega} \Big(\bigcap_{H > 0} \mathcal{E}(M_{(p)}, U, H)\Big)$$

On munit $\mathcal{E}_o(M_{(p)}, \Omega)$ de la topologie limite projective des espaces $\mathcal{E}(M_{(p)}, U, H)$ et pour $\mathcal{E}(M_{(p)}, \Omega)$, on prend la limite inductive suivant H des $\mathcal{E}(M_{(p)}, U, H)$, puis la limite projective suivant U des $\bigcup_{H > 0} \mathcal{E}(M_{(p)}, U, H)$.

Par $\mathcal{D}(M_{(p)}, U, H)$, on désigne le sous-espace des fonctions de $\mathcal{E}(M_{(p)}, \mathbb{R}^n, H)$ ayant un support compact contenu dans $\overline{U}$, muni de la topologie définie par la norme (I.1-1), qui en fait un Banach.

Par $\mathcal{D}(M_{(p)}, \Omega)$, on désigne le sous-espace des fonctions à support compact de $\mathcal{E}(M_{(p)}, \Omega)$. On a donc

$$\mathcal{D}(M_{(p)}, \Omega) = \bigcup_{U,\, \overline{U} \subset \Omega} \Big(\bigcup_{H > 0} \mathcal{D}(M_{(p)}, U, H)\Big)$$

On munit $\mathcal{D}(M_{(p)}, \Omega)$ de la topologie limite inductive des $\mathcal{D}(M_{(p)}, U, H)$. Nous écrirons $\mathcal{D}(M_{(p)})$, $\mathcal{E}(M_{(p)})$ et $\mathcal{E}_o(M_{(p)})$ pour $\mathcal{D}(M_{(p)}, \mathbb{R}^n)$, $\mathcal{E}(M_{(p)}, \mathbb{R}^n)$ et $\mathcal{E}_o(M_{(p)}, \mathbb{R}^n)$ respectivement.

Notons qu'on peut définir ces espaces topologiques en se servant, d'une part, d'une suite d'ouverts $U_o \subset U_1 \subset \dots \subset U_\ell \subset \dots$ formant un recouvrement de Ω et vérifiant $\overline{U}_\ell \subset \Omega$ et, d'autre part, d'une suite de nombres $H_\ell > 0$ tendant vers zéro ou l'infini selon qu'on veut obtenir $\mathcal{E}_o(M_{(p)}, \Omega)$ ou $\mathcal{E}(M_{(p)}, \Omega)$. On vérifie, par ailleurs, que ces espaces ainsi définis ne dépendent pas du choix particulier des suites U_ℓ et H_ℓ .

Pour que ces espaces soient stables par multiplication, par dérivation et qu'ils contiennent des fonctions de support arbitrairement petit, nous supposons, dans la suite de cet article, sauf mention expresse du contraire, que la suite $M_{(p)}$, $(p) \in \mathbb{N}^n$, possède les propriétés suivantes :

(a) La suite $M_{(p)}$ est logarithmiquement convexe, c'est à dire : pour tout (p) et tout (q) de $\mathbb{N}^n$ avec $q_j \leq p_j$, $j = 1, 2 \dots n$, on a

$$M_{(p)}^{\ 2} \leq M_{(p+q)} \cdot M_{(p-q)} .$$

(b) Soit $M_\ell = \inf\limits_{|p| = \ell} M_{(p)}$, $\ell \in \mathbb{N}$ et soit $\overline{M}_\ell$, la plus grande minorante logarithmiquement convexe de M_ℓ (sa régularisée logarithmique selon Mandelbrojt [24]). Nous supposons que

$$\text{(I.1-2)} \qquad \sum_\ell \frac{\overline{M}_\ell}{\overline{M}_{\ell+1}} < +\infty$$

C'est une condition nécessaire et suffisante de non quasi-analyticité (cf. [32] Théorème 1. p. 155). On prouve ([24] p. 109) que cette condition entraîne que

(I.1-3) $$\lim_{|p| \to +\infty} M_{(p)}^{\frac{1}{|p|}} = +\infty$$

et on peut calculer la régularisée $\overline{M}_\ell$ de la façon suivante :

On pose

(I.1-4) $$M(z) = \text{Log} \sup_{(p)} \frac{|z_1|^{p_1} \ldots |z_n|^{p_n}}{M_{(p)}}$$

qui est bien définie grâce à (I.1-3) et on a

$$\overline{M}_\ell = \sup_{r > 0} \left[r^\ell \, \text{Exp}\left(- M(r, \ldots, r) \right) \right]$$

Tandis que la condition (I.1-2) est encore équivalente à

$$\int_0^\infty \frac{M(t, \ldots, t)}{1 + t^2} \, dt < + \infty$$

La fonction $z \longmapsto M(z)$ définie sur $\mathbb{C}^n$ par la formule (I.1-4) sera appelée fonction associée à la suite $M_{(p)}$.

Si $\gamma = (\gamma_\ell)_{\ell \in \mathbb{N}}$ est une suite de nombres strictement positifs, nous noterons par $M_\gamma(z)$ la fonction associée à la suite $\left(\gamma_{|p|}^{|p|} M_{(p)}\right)_{(p) \in \mathbb{N}^n}$.

(c) Nous supposons enfin qu'il existe des constantes positives A et H telles que

(i) Pour tout (p) de $\mathbb{N}^n$ et $(e_j) = (\delta_j^1, \ldots, \delta_j^n)$ où $\delta_j^i = 1$ si $i = j$ et $\delta_j^i = 0$ si $i \neq j$, et $0 \leq i$, $j \leq n$, on a

$$M_{(p + e_j)} \leq A \, H^{(p)} \, M_{(p)}$$

Condition qui assure que la dérivée d'une fonction de classe $M_{(p)}$ reste dans la même classe. Condition nécessaire aussi si $M_{(p)}$ vérifie (a).

(ii) Pour tout (r) et (q) de $\mathbb{N}^n$, on a

$$M_{(r)} \, M_{(q)} \leq A \, H^{|r| + |q|} \, M_{(r + q)}$$

Condition qui assure que le produit des fonctions de classe $M_{(p)}$ reste dans la même classe.

Notons que de (ii) résulte que la constante H est plus grande que un. Nous désignerons par $\mathcal{M}$ l'ensemble des suites possédant les propriétés (a), (b) et (c) .

Soit une suite $M_{(p)}$ satisfaisant à (I.1-3) , considérons alors la suite

$$M^*_{(p)} = \sup_{x \in (\mathbb{R}_+)^n} \left[x^{(p)} \operatorname{Exp}\left(- M(x)\right)\right]$$

qui est manifestement logarithmiquement convexe, on montre qu'on a $M^*(z) = M(z)$ et en posant

$$N_{(p)} = \sup_{|q| \leq n+1} M^*_{(p+q)}$$

On sait (cf. [32] p. 158 Théorème 3) que

$$\mathcal{D}(M^*_{(p)}, \Omega) \subset \mathcal{D}(M_{(p)}, \Omega) \subset \mathcal{D}(N_{(p)}, \Omega) \quad .$$

De sorte que si $M_{(p)}$ vérifie la condition (c)(i) , alors, les suites $M_{(p)}$ et $M^*_{(p)}$ définissent le même espace fonctionnel. Nous terminons ce paragraphe en rappelant [1] que la condition (a) de convexité est encore équivalente à l'égalité $M^*_{(p)} = M_{(p)}$ pour tout $(p) \in \mathbb{N}^n$. On a, en effet, $M^*_{(p)} \leq M_{(p)}$, car d'après (I.1-3) et (I.1-4) , pour $(p) \in \mathbb{N}^n$ fixé, on a, en notant $x^{(p)} = x_1^{p_1} \ldots x_n^{p_n}$

$$\lim_{\|x\| \to +\infty} |x^{(p)} \operatorname{Exp}(- M(x))| = 0$$

Il existe donc $x_o \in \mathbb{R}^n_+$ tel que

$$M^*_{(p)} = x_o^{(p)} \operatorname{Exp}(- M(x_o)) = x_o^{(p)} \left(\inf_{(q)} \frac{M_{(q)}}{x_o^{(q)}} \right) \leq M_{(p)}$$

L'égalité, pour tout (p) , ne peut avoir lieu que si $M_{(p)}$ est logarithmiquement convexe. Montrons cette nécessité par l'absurde. Supposons que $M_{(p)}$ ne soit pas logarithmiquement convexe, il existe alors un couple (p) , (q) d'éléments de $\mathbb{N}^n$ tel que $(q) \leq (p)$ et que

$$\frac{M_{(p)}}{M_{(p-q)}} > \frac{M_{(q+p)}}{M_{(p)}}$$

alors pour tout $x = (x_1, \ldots, x_n) \in \mathbb{R}^n_+$, on a, soit $x^{(q)} > \dfrac{M_{(q+p)}}{M_{(p)}}$

soit $x^{(q)} < \dfrac{M_{(p)}}{M_{(p-q)}}$. Dans le premier cas, on a

$$\frac{x^{(p)}}{M_{(p)}} = \frac{x^{(p+q)}}{M_{(p+q)}} \left(\frac{M_{(p+q)}}{x^{(q)}\, M_{(p)}} \right) < \frac{x^{(p+q)}}{M_{(p+q)}} \leq \operatorname{Exp} M(x)$$

et dans le dernier cas, on a

$$\frac{x^{(p)}}{M_{(p)}} = \frac{x^{(p-q)}}{M_{(p-q)}} \left(\frac{x^{(q)}\, M_{(p-q)}}{M_{(p)}} \right) < \frac{x^{(p-q)}}{M_{(p-q)}} \leq \operatorname{Exp} M(x) .$$

D'où en particulier

$$\frac{x_o^{(p)}}{M_{(p)}} < \operatorname{Exp} M(x_o)$$

soit

$$M^*_{(p)} = x_o^{(p)} \operatorname{Exp} (- M(x_o)) < x_o^{(p)} \frac{M_{(p)}}{x_o^{(p)}} = M_{(p)} .$$

Pour la suffisance, nous allons montrer que si $M_{(p)}$ est logarithmiquement convexe, alors pour chaque $(p) \in \mathbb{N}^n$, il existe $x_o \in \mathbb{R}^n_+$, tel que

$$\text{(I.1-5)} \qquad \frac{x_o^{(p)}}{M_{(p)}} = \operatorname*{Sup}_{(q)} \frac{x_o^{(q)}}{M_{(q)}}$$

il s'ensuit que

$$M^*_{(p)} = \sup_{x \in \mathbb{R}^n_+} \frac{x^{(p)}}{\operatorname{Exp} M(x)} \geq \frac{x_o^{(p)}}{\operatorname{Exp}(M(x_o))} = M_{(p)} .$$

Pour avoir (I.1-5) nous allons considérer dans $\mathbb{N}^n \times \mathbb{R}$, plongé dans $\mathbb{R}^{n+1}$, le graphe de la fonction $(p) \longmapsto \operatorname{Log} M_{(p)}$. L'hypothèse de la convexité implique que pour chaque (p), il existe un hyperplan d'appui passant par le point $\left((p), \operatorname{Log} M_{(p)}\right)$. Soit

$$x_{n+1} = \operatorname{Log} M_{(p)} + a_1(x_1 - p_1) + \dots + a_n(x_n - p_n)$$

l'équation d'un tel hyperplan. On a alors pour tout $(q) \in \mathbb{N}^n$

$$\operatorname{Log} M_{(p)} + \sum_{j=1}^{n} a_j(p_j + q_j - p_j) \leq \operatorname{Log} M_{(p+q)}$$

soit en posant

$$x_o = (\exp a_1, \dots, \exp a_n)$$

il vient

$$\frac{x_o^{(p+q)}}{x_o^{(p)}} \leq \frac{M_{(p+q)}}{M_{(p)}}$$

d'où

$$\frac{x_o^{(p+q)}}{M_{(p+q)}} \leq \frac{x_o^{(p)}}{M_{(p)}}$$

ce qui prouve que $M^*_{(p)} = M_{(p)}$ si et seulement si la suite $M_{(p)}$ est logarithmiquement convexe.

Notons enfin que si $M_{(p)}$ est telle que la fonction $M(z)$ de (I.1-4) soit définie, alors $M_{(p)}$ vérifie la condition (b) (resp. (c)(i)) si et seulement si sa suite régularisée $M^*_{(p)} = \sup_{x \in \mathbb{R}^n} [x^{(p)} \operatorname{Exp}(-M(x))]$ la vérifie.

2. Toujours selon M. Roumieu, nous appelons ultradistributions de la classe $M_{(p)}$ définies sur l'ouvert Ω, les éléments du dual de $\mathcal{D}(M_{(p)}, \Omega)$. Soit $\mathcal{D}'(M_{(p)}, \Omega)$ l'ensemble de ces ultradistributions. On munit $\mathcal{D}'(M_{(p)}, \Omega)$ de la topologie forte du dual. Nous appelons <u>opérateur différentiel d'ordre infini</u> (de la classe $M_{(p)}$) toute somme $\sum a_{(p)} D^{(p)} \delta$ de dérivées de la mesure de Dirac, convergeant dans $\mathcal{D}'(M_{(p)})$. Rappelons qu'il est montré par M. Roumieu [33] qu'<u>il existe des ultradistributions de support l'origine qui ne sont pas des opérateurs différentiels d'ordre infini</u> à notre sens. (Le support d'une ultradistribution étant défini comme pour une distribution, vu l'existence des partitions de l'unité. cf. [32])

Soient $M_{(p)}$, $N_{(p)}$ et $Q_{(p)}$ trois suites appartenant à $\mathcal{M}$. Soient $M(x)$, $N(x)$ et $Q(x)$ leurs fonctions associées. Supposons que $Q(x) \leq M(x) + N(x)$. Rappelons qu'on définit ([32], [33]) la convolution de $T \in \mathcal{D}'(M_{(p)})$ et $S \in \mathcal{D}'(N_{(p)})$, dont l'une est à support compact, comme une ultradistribution de la classe $Q_{(p)}$ par la formule

$$\varphi \longmapsto (T * S)(\varphi) = T_x(S_y\, \varphi(x + y))$$

Notons par $\mathcal{E}'(N_{(p)})$ l'espace vectoriel des ultradistributions de classe $N_{(p)}$ à support compact, qui est encore le dual de $\mathcal{E}(N_{(p)})$. On munit $\mathcal{E}'(N_{(p)})$ de la topologie forte du dual de $\mathcal{E}(N_{(p)})$. Alors l'application bilinéaire $(T, S) \longmapsto T * S$ de $\mathcal{D}'(M_{(p)}) \times \mathcal{E}'(N_{(p)})$ dans $\mathcal{D}'(Q_{(p)})$ est hypocontinue par rapport aux ensembles bornés.

Pour toute $S \in \mathcal{E}'(N_{(p)})$, on définit la transformation de Fourier de S, notée $\hat{S}$, qui est par définition, la fonction $z \longmapsto S_x(x \longmapsto \exp i < z,x >)$ définie sur $\mathbb{C}^n$. C'est une fonction entière sur $\mathbb{C}^n$. Si S et T sont deux ultradistributions à support compact, on a

$$(T \hat{*} S)(z) = \hat{T}(z) \,.\, \hat{S}(z) \;.$$

Rappelons encore qu'on a la

<u>PROPOSITION I.1-1.</u>- <u>Soient</u> $M_{(p)}$ <u>et</u> $N_{(p)}$ <u>appartenant à</u> $\mathcal{M}$, <u>telles que</u>

$$\overline{\lim_{|p| \to +\infty}} \left(\frac{M_{(p)}}{N_{(p)}} \right)^{\frac{1}{|p|}} < +\infty$$

<u>alors les injections canoniques suivantes</u> :

$$\mathcal{D}(M_{(p)}, \Omega) \longrightarrow \mathcal{D}(N_{(p)}, \Omega) \longrightarrow \mathcal{D}(\Omega)$$

<u>sont continues et d'images denses.</u>

(Voir [32] pour une démonstration.)

<u>PROPOSITION I.1-2.</u>- <u>L'espace vectoriel engendré par les fonctions</u> $(x \longmapsto \text{Exp} < z.x >)$ <u>est dense dans</u> $\mathcal{E}(M_{(p)}, \Omega)$.

<u>Démonstration</u> : Soit $T \in \left(\mathcal{E}(M_{(p)}, \Omega)\right)'$. Montrons que $T = 0$ si $\hat{T}(z) = 0$, $\forall z$. C'est bien connu (cf. [34]), si T est une distribution de Schwartz. Si $T \notin \mathcal{E}'(\Omega)$ on va la régulariser. En effet, soit $\psi \in \mathcal{D}(M_{(p)}, \Omega)$ telle que $\int \psi = 1$. Posons $\psi_\varepsilon(x) = \frac{1}{\varepsilon^n} \psi\left(\frac{x}{\varepsilon}\right)$, alors ψ_ε tend vers la mesure de Dirac δ dans $\mathcal{D}'$ quand ε tend vers zéro. Donc si $T \neq 0$, il existe $\varepsilon > 0$, tel que $\psi_\varepsilon * T \neq 0$ mais $\psi_\varepsilon * T \in \mathcal{D}$ (puisque la suite $M_{(p)}$ est supposée dérivable) avec $(\widehat{\psi_\varepsilon * T})(z) = \hat{\psi}_\varepsilon(z) . \hat{T}(z)$ qui est nulle pour tout $z \in \mathbb{C}^n$. Donc, contradiction.

C.Q.F.D.

Comme conséquence, on voit que la transformation de Fourier établit un isomorphisme entre l'espace $\mathcal{E}'(M_{(p)}, \Omega)$ et son image dans l'espace des fonctions entières sur $\mathbb{C}^n$.

Le théorème suivant est encore démontré par M. Roumieu [32] .

<u>THEOREME I.1-3.- Soit</u> $(\mu_{(p)})_{(p) \in \mathbb{N}^n}$, <u>une suite de mesures définies sur</u> Ω , <u>telle que pour tout</u> $\gamma > 0$ <u>et tout compact</u> $K \subset \Omega$, <u>on ait</u>

$$(I.1-6) \qquad \sum_{(p) \in \mathbb{N}^n} \gamma^{|p|} M_{(p)} \int_K |d\,\mu_{(p)}| < +\infty$$

<u>alors la formule</u>

$$(I.1-7) \qquad \varphi \longmapsto \sum_{(p)} \int (-1)^{|p|} (D^{(p)} \varphi)\, d\,\mu_{(p)}$$

<u>qui a un sens pour toute</u> $\varphi \in \mathcal{D}(M_{(p)}, \Omega)$, <u>définit une ultradistribution de la classe</u> $M_{(p)}$.

<u>Réciproquement, toute</u> $T \in \mathcal{D}'(M_{(p)}, \Omega)$ <u>peut se mettre sous la forme (I.1-7) avec une suite</u> $\mu_{(p)}$ <u>de mesures satisfaisant à (I.1-6)</u> .

On a alors la

<u>PROPOSITION I.1-4.- Pour que la somme</u> $\sum_{(p)} a_{(p)} D^{(p)} \delta$ <u>définisse un opérateur différentiel d'ordre infini de la classe</u> $N_{(p)}$, <u>il faut et il suffit que</u>

$$\lim_{|p| \to +\infty} (N_{(p)} |a_{(p)}|)^{\frac{1}{|p|}} = 0 .$$

<u>Démonstration</u> : D'après le théorème précédent, la condition est évidemment suffisante car elle implique (I.1-6) . Pour voir que la condition est nécessaire, on raisonne par l'absurde.

Supposons donc : Il existe un $\varepsilon > 0$ et une suite de multi-indices $\left(k \longmapsto (p(k))\right)$ tels que

$$N_{(p(k))} |a_{(p(k))}| \geq \varepsilon^{|p(k)|}$$

Considérons la fonction φ définie par la formule (I.2-2) qui suit (fonction construite au cours de la démonstration de la proposition I.2-1) qui appartient à $\mathcal{E}(N_{(p)})$ et vérifie

$$|\varphi^{(p(k))}(0)| \geq \left(\frac{1}{2\gamma}\right)^{|p(k)|} N_{(p(k))}$$

pour une infinité des entiers k .

Donc pour la fonction $\psi(x) = \varphi\left(\frac{2\gamma}{\epsilon} x\right)$, on a

$$|a_{(p(k))} \psi^{(p(k))}(0)| \geq 1$$

Par suite, la série $\sum a_{(p)} \delta^{(p)}$ ne converge pas dans $\mathcal{E}'(N_{(p)})$.

C.Q.F.D.

§ 2 - Quelques propriétés algébriques et topologiques.

1. Relation entre les espaces $\mathcal{E}_o(Q_{(p)})$ et $\mathcal{E}(R_{(p)})$.

PROPOSITION I.2-1.- Pour toute suite $M_{(p)} \in \mathcal{M}$, il existe $N_{(p)}$ et $L_{(p)}$ appartenant à $\mathcal{M}$, $N_{(p)} \leq M_{(p)} \leq L_{(p)}$, telles que l'on ait

$$\mathcal{E}(N_{(p)}, \Omega) \subset \mathcal{E}_o(M_{(p)}, \Omega) \subset \mathcal{E}(M_{(p)}, \Omega) \subset \mathcal{E}_o(L_{(p)}, \Omega)$$

Les injections canoniques sont continues et d'images denses.

Nous avons besoin, dans notre démonstration, du lemme I.2-2 et de la proposition I.2-3 qui suivent :

LEMME I.2-2.- Soit $M_{(p)}$ une suite vérifiant la condition (b) de non quasi-analyticité, il existe une suite $N_{(p)} \in \mathcal{M}$ avec $N_{(p)} \leq M_{(p)}$.

Démonstration : Soit M_ℓ la suite régularisée de $\inf_{|p| = \ell} M_{(p)}$ qui vérifie donc $\sum \frac{M_\ell}{M_{\ell + 1}} < +\infty$. Posons

$$\lambda_\ell = \inf\left(2^\ell , \frac{M_\ell}{M_{\ell-1}} \right)$$

et $$N_\ell = \lambda_1 \dots \lambda_\ell \quad , \quad N_o = 1$$

on voit que

(i) $M_o\, N_\ell \leq M_o \dfrac{M_1}{M_o} \dots \dfrac{M_\ell}{M_{\ell-1}} \leq M_\ell \leq . M_{(p)}$ si $|p| = \ell$

(ii) $\left(\frac{1}{2}\right)^\ell \leq {}^{N_\ell}/_{N_{\ell+1}} \leq {}^{N_{\ell-1}}/_{N_\ell}$, qui implique que la suite $M_o\, N_\ell$ vérifie les conditions (a) et (c) imposées aux éléments de $\mathcal{M}$.

(iii) $\displaystyle\sum \frac{N_\ell}{N_{\ell+1}} \leq \sum \frac{1}{2^\ell} + \sum \frac{M_\ell}{M_{\ell+1}} < +\infty$

Le lemme suit, en prenant $N_{(p)} = M_o\, N_\ell$ pour tout $|p| = \ell$.

C.Q.F.D.

<u>PROPOSITION I.2-3.- Soient</u> $N_{(p)}$ <u>et</u> $M_{(p)}$ <u>appartenant à</u> $\mathcal{M}$. <u>Pour que</u> $\mathcal{E}(N_{(p)}, \Omega) \subset \mathcal{E}_o(M_{(p)}, \Omega)$, <u>il faut et il suffit que</u> $\displaystyle\lim_{|p| \to +\infty} \left(\frac{M_{(p)}}{N_{(p)}}\right)^{\frac{1}{|p|}} = +\infty$

<u>Alors l'injection canonique est continue et d'image dense.</u>

<u>Remarque</u> : Ceci entraîne que les fonctions exponentielles sont totales dans $\mathcal{E}_o(M_{(p)}, \Omega)$.

<u>Démonstration</u> : <u>La condition est suffisante.</u>

Posons, en effet $$h_{(p)} = \left(\frac{M_{(p)}}{N_{(p)}} \right)^{\frac{1}{|p|}} .$$

Soient H et h deux nombres positifs. On a, pour tout $(p) \in \mathbb{N}^n$

$$H^{|p|}\, N_{(p)} = \left(\frac{H}{h\, h_{(p)}}\right)^{|p|} \times h^{|p|} \times M_{(p)} \leq \left(\operatorname*{Sup}_{(p)} \left(\frac{H}{h\, h_{(p)}}\right)^{|p|} \right) \times h^{|p|} \times M_{(p)}$$

la borne supérieure étant atteinte, puisque, selon notre hypothèse, $h_{(p)}$ tend vers l'infini avec $|p|$.

Soit A_h cette borne supérieure. Désignons par $B(N_{(p)}, H)$ la boule unité dans $\mathcal{E}(N_{(p)}, U, H)$. Alors, quel que soit $h > 0$, on a

(I.2-1) $$B(N_{(p)}, H) \subset A_h\, B(M_{(p)}, h) \subset \mathcal{E}(M_{(p)}, U, h)$$

Donc, pour tout $H > 0$,

$$B(N_{(p)}, H) \subset \bigcap_{h > 0} \mathcal{E}(M_{(p)}, U, h)$$

Par suite

$$\bigcup_{H > 0} B(N_{(p)}, H) \subset \bigcap_{h > 0} \mathcal{E}(M_{(p)}, U, h)$$

Ce qui entraîne que $\mathcal{E}(N_{(p)}, \Omega) \subset \mathcal{E}_o(M_{(p)}, \Omega)$. De (I.2-1) , on voit que l'injection est continue. Montrons que l'image est dense.

Nous utilisons pour cela, la formule de Taylor et la condition de dérivabilité de la suite $M_{(p)}$ qui nous permet de faire une régularisation.

Soit $f \in \mathcal{E}_o(M_{(p)}, \Omega)$. Pour tout couple (U, U_1) d'ouverts relativement compacts tels que $\overline{U} \subset U_1 \subset \overline{U}_1 \subset \Omega$, soit $y \in \mathbb{R}^n$ tel que $-y + U \subset U_1$.

On a, d'après la formule de Taylor

$$\sup_{x \in U} \left| \frac{\partial^{|p|}}{\partial x_1^{p_1} \cdots \partial x_n^{p_n}} (f(x - y) - f(x)) \right| \leq n \|y\| \sup_{x \in U_1} \sup_j |D^{(p + e_j)} f(x)|$$

où $e_j = (\delta_j^1, \ldots, \delta_j^n)$ et δ_j^k étant le symbole de Kronecker ; donc

$$\sup_{(p)} \left(\sup_{x \in U} \left| \frac{1}{h^{|p|} M_{(p)}} \frac{\partial^{|p|}}{\partial x^{(p)}} (f(x - y) - f(x)) \right| \right) \leq n \|y\| \sup_{(p)} \left(\sup_{x \in U_1} \sup_j \left| \frac{D^{(p+e_j)} f(x)}{h^{|p|} M_{(p)}} \right| \right)$$

Mais de la dérivabilité de la suite $M_{(p)}$ résulte qu'il existe des constantes A_o et H_o telles que $M_{(p + e_j)} \leq A_o H_o^{|p|} M_{(p)}$

Donc $\| x \longmapsto (f(x - y) - f(x))\|_{U,h} \leq n \|y\| \cdot (A_o \|f\|_{U_1, \frac{h}{H_o}})$

Pour tout $\varepsilon > 0$, considérons alors $\varphi \in \mathcal{D}(N_{(p)}, \mathbb{R}^n)$ positive telle que $\int \varphi = 1$, telle que le support de φ soit inclus dans la boule

$\|x\| \leq \frac{\varepsilon}{n A_o} \left(\|f\|_{U_1, \frac{h}{H_o}}\right)^{-1}$ et telle que tout point y du support de φ

vérifie $-y + U \subset U_1$. Soit, enfin, $\alpha \in \mathcal{D}(N_{(p)}, \mathbb{R}^n)$ identique à un sur U_1. On a alors $\varphi * \alpha f \in \mathcal{E}(N_{(p)}, \Omega)$ et

$$\|\varphi * \alpha f - f\|_{U,h} \leq \sup_{(p)} \sup_{x \in U} \left| \int \varphi(y) \frac{D_x^{(p)} (f(x-y) - f(x))}{h^{(p)} M_{(p)}} d\, y \right| \leq \varepsilon$$

Ce qui prouve la densité de $\mathcal{E}(N_{(p)}, \Omega)$ dans $\mathcal{E}_o(M_{(p)}, \Omega)$.

<u>La condition est nécessaire</u>. Nous allons la prouver par l'absurde.

Supposons donc $\underline{\lim} \left(\frac{M_{(p)}}{N_{(p)}}\right)^{\frac{1}{|p|}} < +\infty$, nous allons construire une fonction $\varphi \in \mathcal{E}(N_{(p)}, \Omega)$ qui n'appartient pas à $\mathcal{E}_o(M_{(p)}, \Omega)$.

Puisque $\underline{\lim} \left(\frac{M_{(p)}}{N_{(p)}}\right)^{\frac{1}{|p|}} < +\infty$, on peut extraire des sous-suites simples $k \longmapsto M_{(p(k))}$ et $k \longmapsto N_{(p(k))}$ telles que

(i) $|p(k)| \equiv |p(k')|$ (mod. 4) pour $(k, k') \in \mathbb{N} \times \mathbb{N}$.

(ii) $|p(k)| < |p(k+1)|$

(iii) $M_{(p(k))} \leq \alpha_o^{|p(k)|} N_{(p(k))}$ où α_o est une constante positive.

Ecrivons $(p(k)) = (p_1(k), \ldots, p_n(k))$. Nous supposons que pour tout $j = 1, \ldots, n$ fixé, le nombre $p_j(k)$ tend vers l'infini avec k. C'est possible. Autrement, on va pouvoir extraire de la suite $(p(k))$ une sous suite telle que les nombres $p_j(k)$ ne dépendent pas de k (pour ce j particulier). Alors, remplaçant les suites $M_{(p)}$ et $N_{(p)}$ par

$$M'_{(q_1,\ldots,q_{n-1})} = M_{(q_1,\ldots,q_{j-1},p_j,q_{j+1},\ldots,q_{n-1})}$$

et

$$N'_{(q_1,\ldots,q_{n-1})} = N_{(q_1,\ldots,q_{j-1},p_j,q_{j+1},\ldots,q_{n-1})}$$

on sera amené à faire la construction dans $\mathbb{R}^{n-1}$. Soit φ cette fonction de $(n-1)$ variables. Alors la fonction

$$(x_1,\ldots,x_n) \longmapsto x_j^{p_j}\,\varphi(x_1,\ldots,x_{j-1},x_{j+1},\ldots,x_n)$$

de n variables répondra à la question. Et la condition (ii) entraîne que $|p(k)|$ tend vers l'infini avec k.

Nous admettons pour l'instant le

LEMME I.2-4.- Soit $N(x)$ la fonction associée à la suite $N_{(p)} \in \mathcal{M}$. Alors il existe une constante $\gamma > 1$ telle que

$$\sum_{(p)\in \mathbb{N}_+^n} \operatorname{Exp}\Big(N(p_1,\ldots,p_n) - N(\gamma p_1,\ldots,\gamma p_n)\Big) = A_0 < +\infty$$

où N_+ désigne l'ensemble des entiers strictement positifs.

Ceci étant, considérons la fonction

$$\text{(I.2-2)}\quad \varphi(x_1,\ldots,x_n) = \sum_{(p)\in \mathbb{N}_+^n} \frac{\cos(p_1x_1+\ldots+p_nx_n)+\sin(p_1x_1+\ldots+p_nx_n)}{\operatorname{Exp} N(\gamma p_1,\ldots,\gamma p_n)}$$

On a, pour tout $(q)\in \mathbb{N}^n$ et pour tout $x \in \mathbb{R}^n$

$$|D^{(q)}\varphi(x)| \leq 2 \sum_{(p) \in \mathbb{N}_+^n} \frac{p_1^{q_1} \cdots p_n^{q_n}}{\operatorname{Exp} N(\gamma p)} = 2 \sum_{(p) \in \mathbb{N}_+^n} \left(\frac{p_1^{q_1} \cdots p_n^{q_n}}{\operatorname{Exp} N(p)} \cdot \frac{\operatorname{Exp} N(p)}{\operatorname{Exp} N(\gamma p)} \right) \leq$$

$$\leq 2 \sup_{x \in \mathbb{R}_+^n} \left(\frac{x^{(q)}}{\operatorname{Exp} N(x)} \right) \cdot \sum_{(p) \in \mathbb{N}_+^n} \left(\operatorname{Exp} (N(p) - N(\gamma p)) \right) = 2\, A_o\, N_{(q)}$$

puisque $N_{(q)}$ est une suite logarithmiquement convexe. Donc $\varphi \in \mathcal{E}(N_{(p)}, \Omega)$. Montrons que $\varphi \notin \mathcal{E}_o(M_{(p)}, \Omega)$ pourvu que $0 \in \Omega$. Il suffit pour cela vu (ii) et (iii) de voir qu'il existe une constante H et une infinité d'entiers k tels que

$$|D^{(p(k))}\, \varphi(0)| \geq H^{|p(k)|}\, N_{(p(k))}$$

Or

$$\text{(I.2-3)} \qquad |D^{(p(k))}\, \varphi(0)| = \sum_{(\ell) \in \mathbb{N}_+^n} \frac{\ell^{|p(k)|}}{\operatorname{Exp} N(\gamma \ell)} \geq \sup_{(\ell) \in \mathbb{N}_+^n} \frac{\ell^{|p(k)|}}{\operatorname{Exp} N(\gamma \ell)}$$

Nous allons comparer cette dernière quantité avec

$$\sup_{x \in \mathbb{R}^n} \left| \frac{x^{(p(k))}}{\operatorname{Exp} N(\gamma x)} \right| = \frac{N(p(k))}{\gamma^{|p(k)|}}$$

Soit $x_o(k) = (x_1(k), \ldots, x_n(k)) \in \mathbb{R}^n$ le point où est atteinte cette borne supérieure. Nous écrirons x_o au lieu de $x_o(j)$, si aucune confusion n'est possible. Soit $[x_o] = ([x_1], \ldots, [x_n])$ où $[x_j]$ est la partie entière de $x_j(k)$, $j = 1, \ldots, n$. Comme les $p_j(k)$ tendent vers l'infini avec k , les $[x_j(k)]$ le font aussi. En prenant une sous-suite de $(p(k))$, nous pouvons supposer que $[x_j(k)] \neq 0$. On obtient alors

$$\left(\frac{1}{\gamma}\right)^{|p(k)|} N_{(p(k))} = \operatorname*{Sup}_{x \in \mathbb{R}^n} \frac{x^{(p(k))}}{\operatorname{Exp} N(\gamma x)} = \frac{x_o^{(p(k))}}{\operatorname{Exp} N(\gamma x_o)} \leq \frac{x_o^{(p(k))}}{[x_o]^{(p(k))}} \cdot \frac{[x_o]^{(p(k))}}{\operatorname{Exp} N(\gamma [x_o])}$$

$$\leq 2^{|p(k)|} \operatorname*{Sup}_{(\ell) \in \mathbb{N}^n_+} \frac{\ell^{|p(k)|}}{\operatorname{Exp} N(\gamma \ell)}$$

cette dernière inégalité, jointe à (I.2-3) montre que

$|D^{(p(k))} \varphi(0)| \geq \left(\frac{1}{2\gamma}\right)^{|p(k)|} N_{(p(k))}$. Donc $\varphi \notin \mathcal{E}_o(M_{(p)}, \Omega)$, d'après (iii)

<u>Démonstration du lemme I.2-4</u> : Soit $r_o = (r_1, \ldots, r_n) \in \mathbb{R}^n_+$ et soit $r = \operatorname*{Sup}_j r_j$. Considérons la suite simple

$$N_\ell = \inf_{|p| = \ell} \left(\frac{N_{(p)}}{r_1^{p_1} \ldots r_n^{p_n}} \right) , \quad \ell \in \mathbb{N} .$$

De la condition de dérivabilité sur $N_{(p)}$. i.e

$$N_{(p + e_j)} \leq A\, H^{|p|} N_{(p)}$$

on déduit, en notant par $(p(\ell))$ le $(p) \in \mathbb{N}^n$ qui réalise le minimum dans la définition de N_ℓ :

$$A\, H^\ell N_\ell = A\, H^\ell \cdot \frac{N_{(p(\ell))}}{r_o^{(p(\ell))}} \geq \frac{N_{(p(\ell) + e_j)}}{r_o^{(p(\ell))}} \geq r\, N_{\ell+1} .$$

Donc

(I.2-4) $$\frac{N_{\ell + 1}}{N_\ell} \leq \frac{A\, H^\ell}{r}$$

Soit, enfin, $$n(t) = \operatorname{Log} \operatorname*{Sup}_\ell \frac{t^\ell}{N_\ell}$$

et $N_\ell^* = \operatorname*{Sup}_{t \in \mathbb{R}_+} \left(\frac{t^\ell}{\operatorname{Exp} n(t)} \right)$, la suite régularisée de N_ℓ ,

on voit qu'on a encore

$$\frac{N^*_{\ell + 1}}{N^*_\ell} \leq \frac{A\, H^\ell}{r}$$

D'où, en notant par $m(t)$ le nombre des rapports $\dfrac{N^*_{\ell+1}}{N^*_\ell}$ qui sont inférieurs à $t > 0$, on a, tenant compte du fait que $\dfrac{N^*_{\ell+1}}{N^*_\ell}$ est croissante en ℓ.

$$m(t) \geq \left(\mathrm{Log}\,\frac{t\,r}{A}\right) / \ \mathrm{Log}\,H .$$

et
$$N^*(t) = \sup_{\ell} \mathrm{Log}\,\frac{t^\ell}{N^*_\ell} = \sum_{j=1}^{m(t)} \left(\mathrm{Log}\,t - \mathrm{Log}\,\frac{N^*_j}{N^*_{j-1}}\right) - \mathrm{Log}\,N^*_o$$

soit
$$N^*(t) = \int_0^t \mathrm{Log}\,\frac{t}{u}\,dm(u) - \mathrm{Log}\,N^*_o = \int_0^t \frac{m(u)}{u}\,du - \mathrm{Log}\,N^*_o$$

donc
$$\frac{d}{dt}\,N^*(t) = \frac{m(t)}{t} \geq \frac{1}{t}\left(\mathrm{Log}\,\frac{tr}{A}\right) / \ \mathrm{Log}\,H$$

et en intégrant de 1 à γ avec $\gamma > 1$, on obtient

$$N^*(\gamma) - N^*(1) \geq \frac{1}{2\,\mathrm{Log}\,H}\left(\mathrm{Log}\,\frac{tr}{A}\right)^2 \Bigg|_{t=1}^{t=\gamma} = \frac{\mathrm{Log}\,\gamma}{2\,\mathrm{Log}\,H}\,\mathrm{Log}\,\frac{\gamma r^2}{A^2} \geq \frac{\mathrm{Log}\,\gamma}{\mathrm{Log}\,H}\,\mathrm{Log}\left(\frac{r}{A}\right)$$

puisque $H > 1$. Mais $N^*(\gamma) = N(\gamma r_o) = \mathrm{Log}\,\sup\limits_{(p)} \dfrac{(\gamma r_1)^{p_1} \dots (\gamma r_n)^{p_n}}{N_{(p)}}$;

tenant compte que $r = \sup r_j$, on a

$$N(r_o) - N(\gamma r_o) \leq -\frac{\mathrm{Log}\,\gamma}{n\,\mathrm{Log}\,H}\,\mathrm{Log}\left(\frac{r_1}{A}\cdot\frac{r_2}{A}\cdots\frac{r_n}{A}\right)$$

donc, en prenant $\gamma > H^n$, on voit que

$$\sum_{(\ell) \in \mathbb{N}^n_+} \mathrm{Exp}\,(N(\ell) - N(\gamma\ell)) < +\infty .$$

C.Q.F.D.

<u>Démonstration de la proposition I.2-1</u> : D'après la proposition I.2-3 , posons $L_{(p)} = M_{(p)}^2$ qui appartient évidemment à $\mathcal{M}$, on a alors $\mathcal{E}(M_{(p)}, \Omega) \subset \mathcal{E}_0(L_{(p)}, \Omega)$ avec l'injection canonique continue et d'image dense. D'autre part, l'application de $\mathcal{E}_0(M_{(p)}, \Omega)$ dans $\mathcal{E}(M_{(p)}, \Omega)$ est manifestement continue, la densité d'image par cette application résulte du fait que les fonctions exponentielles sont totales dans $\mathcal{E}(M_{(p)}, \Omega)$ et dans $\mathcal{E}_0(M_{(p)}, \Omega)$. Pour la première inclusion, il suffit que l'on construise une suite $N_{(p)} \leq M_{(p)}$ telle que $\lim\limits_{|p| \to +\infty} \left(\frac{M_{(p)}}{N_{(p)}}\right)^{\frac{1}{|p|}} = +\infty$

Posons $m_\ell = \inf\limits_{|p| \geq \ell} \left(M_{(p)}\right)^{\frac{1}{|p|}}$, $\ell \in \mathbb{N}$. La suite m_ℓ vérifie

(cf. [24] p. 101) $\displaystyle\sum_\ell \frac{1}{m_\ell} < +\infty$

On peut trouver alors une suite h_ℓ tendant vers l'infini avec ℓ telle que

$$\sum_\ell \frac{h_\ell}{m_\ell} < +\infty$$

Soit N'_ℓ la suite régularisée de $\left(\frac{m_\ell}{h_\ell}\right)^\ell$ et pour tout $(p) \in \mathbb{N}^n$, avec $|p| = \ell$, posons $N'_{(p)} = N'_\ell$. La suite $N'_{(p)}$ est non quasi-analytique satisfaisant à

$$\lim_{|p| \to +\infty} \left(\frac{M_{(p)}}{N'_{(p)}}\right)^{\frac{1}{|p|}} = +\infty$$

Par le lemme (I.2-2) , il existe une suite $N_{(p)} \in \mathcal{M}$ avec $N_{(p)} \leq N'_{(p)}$.

donc $$\lim_{|p| \to +\infty} \left(\frac{M_{(p)}}{N_{(p)}}\right)^{\frac{1}{|p|}} \geq \lim_{|p| \to +\infty} \left(\frac{M_{(p)}}{N'_{(p)}}\right)^{\frac{1}{|p|}} = +\infty \ .$$

C.Q.F.D.

DEFINITION I.2-1.- Nous notons $N \prec M$ ou $M \succ N$, si

$$\lim_{|p| \to +\infty} \left(\frac{M_{(p)}}{N_{(p)}}\right)^{\frac{1}{|p|}} = +\infty$$

2. Sur l'intersection des espaces $\mathcal{E}(M_{(p)})$

Notons par $\mathfrak{a}(\Omega)$, l'espace des fonctions analytiques dans Ω , on sait par le théorème de Bang-Mandelbrojt (cf. [1] et [24]) que c'est l'intersection de toutes les classes de fonctions non quasi-analytiques. Donc, de la proposition I.2-1 et du lemme I.2-2 , on voit que

$$\mathfrak{a}(\Omega) = \bigcap_{M \in \mathcal{M}} \mathcal{E}(M_{(p)}, \Omega) = \bigcap_{M \in \mathcal{M}} \mathcal{E}_o(M_{(p)}, \Omega) .$$

On peut donc munir $\mathfrak{a}(\Omega)$ de la topologie limite projective de ces espaces. Avec cette topologie $\mathfrak{a}(\Omega)$ est alors un espace de Schwartz complet, comme limite projective d'espaces de Schwartz complets. Notons par $\mathfrak{a}_q(\Omega)$ cet espace topologique. D'autre part, si W est un ouvert de $\mathbb{C}^n$, l'espace $\mathcal{O}(W)$ des fonctions holomorphes dans W admet une topologie d'espace de Fréchet nucléaire, à savoir la topologie de la convergence uniforme sur tous les compacts de W . On a donc une autre topologie sur $\mathfrak{a}(\Omega)$ à savoir celle de la limite inductive des $\mathcal{O}(W)$, W parcourant un système fondamental de voisinages (complexe !) de Ω . Notons par $\mathfrak{a}_I(\Omega)$ cet espace topologique. Nous avons la

PROPOSITION I.2-5.- L'injection de $\mathfrak{a}_I(\Omega)$ dans $\mathfrak{a}_q(\Omega)$ est continue. Les deux espaces ont mêmes parties bornées et mêmes suites convergentes.

(Comme nous ne faisons aucun usage de ce résultat dans la suite de cet article, nous ne montrons pas cette proposition. Toutefois, sa démonstration ressemble à celle de la proposition suivante.)

De même, nous avons la

PROPOSITION I.2-6.- Soit $M_{(p)} \in \mathcal{M}$. On a algébriquement

$$\mathcal{E}(M_{(p)}, \Omega) = \bigcap_{\substack{N \in \mathcal{M} \\ M \prec N}} \mathcal{E}(N_{(p)}, \Omega) = \bigcap_{\substack{N \in \mathcal{M} \\ M \prec N}} \mathcal{E}_o(N_{(p)}, \Omega)$$

Notons par $\mathcal{E}_p(M_{(p)}, \Omega)$ l'espace $\mathcal{E}(M_{(p)}, \Omega)$ muni de la topologie limite projective des $\mathcal{E}(N_{(p)}, \Omega)$ avec $M \prec N$. L'injection naturelle de $\mathcal{E}(M_{(p)}, \Omega)$ dans $\mathcal{E}_p(M_{(p)}, \Omega)$ est continue. Les deux espaces ont mêmes parties bornées et mêmes suites convergentes.

Démonstration : Pour la première partie, il suffit évidemment de montrer que $\bigcap_{N \succ M} \mathcal{E}(N_{(p)}, \Omega) \subset \mathcal{E}(M_{(p)}, \Omega)$. Soit f une fonction indéfiniment différentiable, nous allons montrer que si $f \notin \mathcal{E}(M_{(p)}, \Omega)$, il existe alors une suite $N_{(p)} \in \mathcal{M}$, $N \succ M$ telle que $f \notin \mathcal{E}(N_{(p)}, \Omega)$. Ce qui prouvera l'inclusion cherchée. L'hypothèse entraîne, en effet, qu'il existe un ouvert U relativement compact dans Ω tel que

$$\overline{\lim_{(p)}} \left(\sup_{x \in U} \frac{D^{(p)} f(x)}{M_{(p)}} \right)^{\frac{1}{|p|}} = + \infty$$

On trouve alors une sous-suite $(p(k))$ des $(p) \in \mathbb{N}^n$ telle que

$$|p(k)| < |p(k+1)| \quad \text{et telle que} \quad \sup_{x \in U} \left| \frac{D^{(p(k))} f(x)}{M_{(p(k))}} \right|^{\frac{1}{|p(k)|}} \geq k^2$$

Posons $N'_{(q)} = M_{(q)} \, k^{|q|}$ si $|p(k-1)| < |q| \leq |p(k)|$. On a donc

$$\lim_{|q| \to +\infty} \left(\frac{M_{(q)}}{N'_{(q)}} \right)^{\frac{1}{|q|}} = 0$$

et comme $M_{(q)} \in \mathcal{M}$, d'après la condition (c) i et (c) ii , on sait qu'il existe des constantes A et H telles que

(c i) $M_{(p+q)} \leq A\, H^{|p|} M_{(p)}$ pour tout $(p) \in \mathbb{N}^n$ et tout $(q) \in \mathbb{N}^n$, $|q| = 1$.

(c ii) $M_{(r)}\, M_{(s)} \leq A\, H^{|r| + |s|}\, M_{(r+s)}$ pour tous $(r), (s) \in \mathbb{N}^n$.

D'où, d'après (c i) , si k est l'entier tel que

$$|p(k-1)| < |p| + 1 \leq |p(k)|$$

$$N'_{(p+q)} = M_{(p+q)}\, k^{|p+q|} \leq A\, H^{|p|} M_{(p)} k^{|p+q|} \leq A\, H^{|p|} \left(\frac{k}{k-1}\right)^{|p|} k\, N'_{(p)} .$$

Soit $$N'_{(p+q)} \leq A(4\, H)^{|p|}\, N'_{(p)} \qquad \text{si} \qquad |q| = 1$$

D'après (c ii) , on a, tenant compte de $|p(k)| < |p(k+1)|$.

$$N'_{(r)}\, N'_{(s)} \leq A\, H^{|r| + |s|}\, N'_{(r+s)} .$$

Posant

$$N(x) = \operatorname{Log} \operatorname*{Sup}_{(p)} \frac{|x^{(p)}|}{N'_{(p)}}$$

et

$$N_{(p)} = \operatorname*{Sup}_{x \in \mathbb{R}^n_+} \left(\frac{x^{(p)}}{\operatorname{Exp} N(x)} \right)$$

on voit que $N_{(p)} \in \mathcal{M}$. D'après les résultats du n°1 du paragraphe 1, on sait que les suites $N_{(p)}$ et $N'_{(p)}$ définissent le même espace fonctionnel. En conséquence, on a aussi $N > M$. D'où le résultat. La topologie de $\mathcal{E}_p(M_{(p)}, \Omega)$ étant une limite projective, la continuité de l'injection canonique de $\mathcal{E}(M_{(p)}, \Omega)$ sur $\mathcal{E}_p(M_{(p)}, \Omega)$ résulte de la continuité de l'injection canonique de $\mathcal{E}(M_{(p)}, \Omega)$ dans $\mathcal{E}(N_{(p)}, \Omega)$ qui résulte de la proposition I.2-1 . Il s'ensuit que si B est une partie bornée dans $\mathcal{E}(M_{(p)}, \Omega)$, elle l'est dans $\mathcal{E}_p(M_{(p)}, \Omega)$. Pour voir que les deux espaces ont mêmes parties bornées, montrons que si B n'est pas bornée dans $\mathcal{E}(M_{(p)}, \Omega)$, elle ne le sera pas dans $\mathcal{E}_p(M_{(p)}, \Omega)$. Vu la structure topologique de $\mathcal{E}(M_{(p)}, \Omega)$, il existe donc un ouvert U relativement compact dans Ω tel que B n'est pas bornée dans $\mathcal{E}(M_{(p)}, U)$. Supposons que B est bornée dans l'espace de Banach $C^{(q)}(U)$ des fonctions (q)-fois différentiables sur U (pour tout $(q) \in \mathbb{N}^n$) autrement le résultat est trivial. Comme pour tout $H > 0$, on a

$$\operatorname*{Sup}_{f \in B} \|f\|_{M_{(p)}, U, H} = +\infty$$

où

$$\|f\|_{M_{(p)}, U, H} = \operatorname*{Sup}_{(p)} \operatorname*{Sup}_{x \in U} \left| \frac{D^{(p)} f(x)}{H^{|p|} M_{(p)}} \right|$$

on peut extraire une suite $f_k \in B$ telle que pour tout $k \in \mathbb{N}$, il existe un $(p(k)) \in \mathbb{N}^n$ et un $x(k) \in \overline{U}$, tels que $|p(j)| < |p(j+1)|$ et tels que

$$\left| \frac{D^{(p(k))} f_k(x(k))}{M_{(p(k))} k^{|p(k)|}} \right| \geq k$$

A l'aide de la suite $(p(k))$, on définit comme précédemment une suite $N'_{(p)}$ puis la suite $N_{(p)}$, régularisée de $N'_{(p)}$. On voit que B n'est pas bornée dans $\mathcal{E}(N_{(p)}, U)$. Pour les suites convergentes, cela résulte du fait que les parties bornées sont précompactes dans chacun de ces espaces.

C.Q.F.D.

Par contraste avec la proposition précédente, énonçons

<u>PROPOSITION I.2-7</u>.-

$$\bigcup_{M \in \mathcal{M}} \mathcal{E}(M_{(p)}, \Omega) \underset{\neq}{\subset} \mathcal{E}(\Omega) \qquad \underline{\text{et}} \qquad \bigcup_{\substack{N \in \mathcal{M} \\ N < M}} \mathcal{E}(N_{(p)}, \Omega) \underset{\neq}{\subset} \mathcal{E}(M_{(p)}, \Omega)$$

<u>Démonstration</u> : La première partie résulte du fait que toute suite $M_{(p)}$ vérifiant la condition (c) satisfait à une majoration du type

(I.2-5) $$M_{(p)} \leq K \operatorname{Exp} A |p|^2 .$$

Or, pour toute série formelle $\sum a_{(p)} x^{(p)}$, on sait qu'il existe, par le théorème de Borel, une fonction φ indéfiniment différentiable telle que

$$\frac{D^{(p)} \varphi(0)}{p_1! \cdots p_n!} = a_{(p)}$$

et par le lemme de Dubois-Raymond, il existe une suite $a_{(p)}$ qui ne satisfait à aucune des majorations du type (I.2-5) .

La deuxième partie résulte directement de la proposition (I.2-5) . D'une façon précise, pour toute $f \in \mathcal{E}_0(M_{(p)}, \Omega)$, on peut construire une suite $N_{(p)}$, $N < M$, vérifiant les conditions (a), (b) et (c)(i) telle que $f \in \mathcal{E}(N_{(p)}, \Omega)$. (Note : on sait [32] que si $M_{(p)}$ est définie par une suite simple, i.e. $M_{(p)} = M_\ell$, si $|p| = \ell \in \mathbb{N}$ alors la condition (c)(ii) est conséquence de (a) . On voit donc, en particulier, que l'on a $\mathcal{E}_0(M_{(p)}, \Omega) = \bigcup_{\substack{N \in \mathcal{N} \\ N < M}} \mathcal{E}(N_{(p)}, \Omega)$ dans le cas d'une seule variable.)

Montrons ce fait : f appartenant à $\mathcal{E}_0(M_{(p)}, \Omega)$, on sait donc que, à tout compact $K \subset \Omega$ et tout $h > 0$, il correspond une constante $A_{K,h}$ telle que, quel que soit $(p) \in \mathbb{N}^n$.

$$\sup_{x \in K} |D^{(p)} f(x)| \leq A_{Kh}\, h^{|p|}\, M_{(p)} = \left(A_{Kh}^{\frac{1}{|p|}}\right)^{|p|} h^{|p|}\, M_{(p)} .$$

Considérons alors une suite croissante K_ℓ de compacts contenus dans Ω telle que, tout compact $K \subset \Omega$ est contenu dans l'un des K_ℓ .

Posons $A_\ell = A_{K_\ell, \frac{1}{\ell}}$, on peut supposer que la suite $\ell \longmapsto A_\ell$ est croissante. Pour chaque ℓ , il existe alors (p_ℓ) tel que si $|p| \geq |p_\ell|$, on a $|A_\ell|^{\frac{1}{|p|}} \leq 2$.

On s'arrange pour que la suite p_ℓ soit strictement croissante avec ℓ et suffisamment rapidement pour que

$$\sum_{\ell=1}^{\infty} \left[\ell \left(\sum_{k=p_\ell}^{p_{\ell+1}} \frac{\overline{M_k}}{\overline{M_{k+1}}} \right) \right] < +\infty \tag{I.2-6}$$

où $\overline{M_k}$ dénote toujours la suite régularisée de $M_k = \inf_{|p|=k} M_{(p)}$.

On voit alors qu'en posant

$$N'_{(p)} = \left(\frac{1}{\ell}\right)^{|p|} M_{(p)} \quad \text{pour} \quad |p_\ell| \leq |p| < |p_{\ell+1}|$$

et pour tout ℓ donné, posant :

$$A = \mathrm{Max}\left(\sup_{|p| \leq p_1} \left(A_{K_\ell, 1} \right), 2 \right)$$

on a, pour tout (p)

$$\sup_{x \in K_\ell} |D^{(p)} f(x)| \leq \left(A_{K_\ell, \frac{1}{\ell}}^{\frac{1}{|p|}} \right)^{|p|} \left(\frac{1}{\ell}\right)^{|p|} M_{(p)} \leq A^{|p|} N'_{(p)} .$$

Ce qui prouve que $f \in \mathcal{E}(N'_{(p)}, \Omega)$. Enfin, la condition (I.2-6) montre que la suite $N'_{(p)}$ est non quasi-analytique et, d'après sa construction, qu'elle vérifie aussi

$$N'_{(p+e_j)} \leq A(2H)^{|p|} N'_{(p)} \quad \text{si} \quad M_{(p)+(e_j)} \leq A H^{|p|} M_{(p)} .$$

Donc la suite

$$N^*_{(p)} = \sup_{x \in \mathbb{R}^n_+} \left(x^{(p)} \,\mathrm{Exp}(-N'(x)) \right) \quad \text{avec} \quad N'(x) = \mathrm{Log} \sup_{(p)} \frac{x^{(p)}}{N_{(p)}}$$

vérifie les conditions (a), (b) et (c)(i) donc aussi (c)(ii) dans le cas où $M_{(p)} = M_{(q)}$ si $|p| = |q|$.

3. La structure topologique des $\mathcal{D}(M_{(p)}, \Omega)$

PROPOSITION I.2-8.- Soit $U \subset U_1$ et soit $H < H_1$. Alors l'injection canonique de $\mathcal{D}(M_{(p)}, U, H)$ dans $\mathcal{D}(M_{(p)}, U_1, H_1)$ est compacte. (Elle est même nucléaire. cf. [35], voir aussi [31].)

Démonstration : La boule unité de $\mathcal{D}(M_{(p)}, U, H)$ est équicontinue. En effet, ces fonctions sont uniformément bornées. Il en est de même de chaque dérivée. Donc si φ_n est une suite d'éléments de cette boule, on peut en extraire, par procédé diagonal, par exemple, une sous-suite $\varphi_{n(j)}$ qui converge, ainsi que les suites dérivées, uniformément sur U , vers φ_0 . Donc φ_0 est indéfiniment différentiable. D'autre part, pour tout $\varepsilon > 0$, il existe $(p_\varepsilon) \in \mathbb{N}^n$ tel que quel que soit

$$|p| \geq |p_\varepsilon| \quad , \quad \text{on a} \quad \left(\frac{H}{H_1}\right)^{|p|} < \frac{\varepsilon}{2}$$

d'où, pour tout $n(j)$, on a

$$\sup_{|p| \geq |p_\varepsilon|} \left(\sup_{x \in U_1} \left| \frac{D^{(p)}\left(\varphi_{n(j)}(x) - \varphi_0(x)\right)}{H_1^{|p|} M_{(p)}} \right| \right) < \varepsilon$$

Mais $\varphi_{n(j)}$ convergeant vers φ_0 uniformément dans U , ainsi que ses dérivées, il existe un n_0 tel que, pour tout $|n(j)| > n_0$, on ait

$$\sup_{|p| \leq |p_\varepsilon|} \left(\sup_{x \in U_1} \left| \frac{D^{(p)}\left(\varphi_{n(j)}(x) - \varphi_0(x)\right)}{H_1^{|p|} M_{(p)}} \right| \right) < \varepsilon$$

ce qui prouve que $\varphi_{n(j)}$ converge vers φ_0 dans $\mathcal{D}(M_{(p)}, U_1, H_1)$.

C.Q.F.D.

Il en résulte que $\mathcal{D}(M_{(p)}, U) = \bigcup_{H > 0} \mathcal{D}(M_{(p)}, U, H)$ est un espace du type dual de Fréchet-Schwartz complet, donc $\mathcal{D}(M_{(p)}, \Omega)$ étant limite inductive stricte d'une suite de duals de Fréchet-Schwartz complets est donc encore un espace du même type.

De son côté, $\mathcal{E}_o(M_{(p)}, U) = \bigcap_{H>0} \mathcal{E}(M_{(p)}, U, H)$ est un espace de Fréchet-Schwartz, donc aussi $\mathcal{E}_o(M_{(p)}, \Omega)$. De même, $\mathcal{E}(M_{(p)}, \Omega)$ est un Schwartz complet. Notons qu'on peut vérifier que ces espaces sont même nucléaires.

Nous utilisons la propriété suivante de ces types d'espaces pour l'étude de l'inversibilité d'une équation de convolution.

PROPOSITION I.2-9.- Les espaces E et F étant du type $\mathcal{F}S$ ou $\mathcal{DF}S$ u une application linéaire continue de E dans F. Pour que la transposée de u soit surjective, il faut et il suffit que u soit injective et que $u(E)$ soit fermée pour des suites.

(Voir Grothendieck [15] pour une démonstration.)

Nous allons montrer maintenant que pour tout ouvert convexe Ω, l'espace $\mathcal{D}'(M_{(p)}, \Omega)$ et l'espace $\mathcal{E}_o(M_{(p)}, \Omega)$ sont des espaces analytiquement uniformes au sens de M. Ehrenpreis [12]. Nous rappelons d'abord ce que nous entendons par espace analytiquement uniforme.

Soit W un sous-espace vectoriel de l'espace des hyperfonctions définies sur $\mathbb{R}^n$. Suivant Ehrenpreis (qui ne considère que le cas des distributions) nous disons que W est un espace analytiquement uniforme s'il satisfait aux conditions suivantes :

1. L'espace W est muni d'une topologie d'espace vectoriel topologique localement convexe.
2. L'espace W contient toutes les fonctions exponentielles [i.e. pour tout $z \in \mathbb{C}^n$ les fonctions $(x \longmapsto \operatorname{Exp} \langle z.x \rangle) \in W$] et ces fonctions y forment un système total.

L'axiome 2 a la conséquence qu'on peut définir la transformée de Fourier d'un élément de W'. Soit $f \in W'$ nous désignons par $\hat{f}$ la fonction sur $\mathbb{C}^n$ définie par $z \longmapsto f(x \longmapsto \exp i < z, x >)$. On a alors l'axiome suivant :

3. L'espace W est réflexif et une topologie sur W', dual de W, compatible avec la dualité (W, W') peut être décrite par la donnée d'une famille $\mathcal{H}$ de fonctions continues de la manière suivante : Pour toute $h \in \mathcal{H}$, on lui associe l'ensemble W_h où, par définition

$$W_h = \{ f \mid f \in W' \ ; \ \sup_{z \in \mathbb{C}^n} \left|\frac{\hat{f}(z)}{h(z)}\right| \leq 1 \}$$

Alors les W_h forment un système fondamental de voisinages de zéro dans W'. On impose de plus que

$$\text{(I.2-7)} \qquad \forall\, h \in \mathcal{H} \ , \ \forall\, f \in W' \ , \qquad \lim_{\|z\| \to +\infty} \left|\frac{\hat{f}(z)}{h(z)}\right| = 0$$

Les espaces $\mathcal{D}'(M_{(p)}, \Omega)$ et $\mathcal{E}_o(M_{(p)}, \Omega)$ étant des Schwartz complets sont donc réflexifs. Des propositions (I.1-2) et (I.2-1), on sait que les fonctions exponentielles sont totales dans $\mathcal{E}_o(M_{(p)}, \Omega)$, donc aussi dans $\mathcal{D}'(M_{(p)}, \Omega)$. Pour avoir le résultat, il reste à construire la famille $\mathcal{H}$ à l'aide de la convexité de Ω.

Nous commençons par construire une famille auxiliaire $\mathcal{K}$. Considérons un recouvrement de Ω par une suite de compacts convexes K_ℓ telle que $\overset{o}{K_\ell} \supset K_{\ell-1}$, $K_o = \{0\}$. (On peut supposer que $0 \in \Omega$ en faisant, au besoin, une translation.) Soit H_ℓ la fonction d'appui du compact K_ℓ, i.e.

$$\forall\, z \in \mathbb{C}^n \ , \quad H_\ell(z) = \sup_{x \in K_\ell} (- < x, \operatorname{Im} z >) \quad \text{et} \quad H_o(z) = 0$$

Notons que la fonction H_ℓ est à valeur positive puisque $0 \in K_\ell$.
A tout couple $\alpha = \{\alpha_\ell\}$, $\gamma = \{\gamma_\ell\}$ de suites de nombres supérieurs à 1 tendant vers l'infini, on associe une fonction k de la famille $\mathcal{K}$ comme suit :

Soit $\Gamma_\ell = \{ z \in \mathbb{C}^n \mid \|\mathrm{Im}\, z\| = \frac{n+1}{\delta_\ell} \mathrm{Log}\, \alpha_\ell(\|\mathrm{Re}\, z\| + 1) \}$ et $\Gamma_0 = \mathbb{R}^n$

où $\delta_\ell = d(K_\ell, \complement K_{\ell+1}) > 0$. Nous supposons que les compacts K_ℓ sont choisis de telle manière que les $\delta_\ell \leq n+1$. Pour chaque $z \in \Gamma_\ell$, on pose

$$k_\ell(z) = \alpha_0 \, \mathrm{Exp}\left(H_\ell(z) - M_\gamma(z)\right)$$

où, rappelons le, $M_\gamma(z) = \mathrm{Log} \sup_{(p)} \frac{|z^{(p)}|}{\gamma_{|p|}^{|p|} M_{(p)}}$ Pour chaque $z \in \mathbb{C}^n$ on désigne par $L(z)$ l'ensemble des entiers ℓ tels que $z \in \Gamma_\ell$.

On pose

$$k(z) = \inf_{\ell \in L(z)} \left(k_\ell(z)\right)$$

pour tout $z \in \bigcup_{\ell \in \mathbb{N}} \Gamma_\ell$.

Soit, récapitulant, à chaque couple $\{\alpha, \gamma\}$, on a associé un ensemble $D(\alpha) = \cup \Gamma_\ell$ sur lequel est définie la fonction $z \longmapsto k(z)$. En faisant varier $\{\alpha, \gamma\}$, l'ensemble de ces fonctions k constituent la famille $\mathcal{K}$.

Nous montrerons que les ensembles convexes

$$V_k = \{ \varphi \in \mathcal{D}(M_{(p)}, \Omega) \mid \sup_{z \in D(\alpha)} \left|\frac{\hat{\varphi}(z)}{k(z)}\right| \leq 1 \}$$

définissent une topologie sur $\mathcal{D}(M_{(p)}, \Omega)$ compatible avec la dualité entre $\mathcal{D}(M_{(p)}, \Omega)$ et $\mathcal{D}'(M_{(p)}, \Omega)$.

Pour définir la famille $\mathcal{H}$, nous allons prolonger les fonctions k de la manière suivante.

Soit $\Pi_\ell = \Pi_\ell(\alpha) = \{ z \in \mathbb{C}^n, \|\mathrm{Im}\, z\| \leq \frac{n+1}{\delta_\ell} \mathrm{Log}\, \alpha_\ell(\|\mathrm{Re}\, z\| + 1) \}$

Pour chaque $z \in \mathbb{C}^n$, soit $\Lambda(z) = \{ \ell \in \mathbb{N} \mid z \in \Pi_\ell \}$

Considérons la fonction

$$k'(z) = \inf_{\ell \in \Lambda(z)} \left[\alpha_0 \, \mathrm{Exp}\left(H_\ell(z) - M_\gamma(z)\right)\right]$$

définie sur $\Pi(\alpha) = \cup \Pi_\ell$. On voit, grâce au théorème de Phragmen-Lindelöf que si $\varphi \in \mathcal{D}(M_{(p)}, \Omega)$ les conditions $\sup_{z \in D(\alpha)} \left|\frac{\hat{\varphi}(z)}{k(z)}\right| \leq 1$ et $\sup_{z \in \Pi(\alpha)} \left|\frac{\hat{\varphi}(z)}{k'(z)}\right| \leq 1$ sont équivalentes. Donc les ensembles convexes

$$V'(\alpha, \gamma) = \{ \varphi \in \mathcal{D}(M_{(p)}, \Omega) \mid \sup_{z \in \Pi(\alpha)} \left|\frac{\hat{\varphi}(z)}{k'(z)}\right| \leq 1 \}$$

sont équilibrés et absorbent les parties bornées de $\mathcal{D}(M_{(p)}, \Omega)$. Nous écrirons $k'_{\alpha,\gamma}(z)$ pour $k'(z)$ pour expliciter la dépendance de k' par rapport au couple (α, γ) . Considérons le couple $\beta = \{\alpha_0, 2\alpha_1, \ldots, 2\alpha_n, \ldots\}$ et γ . On a alors $\Pi_\ell(\beta) \supset \Pi_\ell(\alpha)$ et $k'_{\beta,\gamma}(z) \leq k'_{\alpha,\gamma}(z)$ pour tout $z \in \Pi(\alpha)$. Soit enfin $h_{\alpha,\gamma}$ une fonction définie sur $\mathbb{C}^n$ continue et positive telle que

$$h_{\alpha,\gamma}(z) \begin{cases} = k_{\alpha,\gamma}(z) & \text{si } z \in \Pi(\alpha) \\ \geq k'_{\beta,\gamma}(z) & \text{si } z \in \Pi(\beta) - \Pi(\alpha) \\ \geq \operatorname{Exp} |z|^2 & \text{si } z \notin \Pi(\beta) \end{cases}$$

L'ensemble de telles fonctions h constitue la famille $\mathcal{H}$. On voit, pour une telle h , que l'ensemble convexe équilibré

$$W_h = \{ \varphi \in \mathcal{D}(M_{(p)}, \Omega) \mid \left|\frac{\hat{\varphi}(z)}{h(z)}\right| \leq 1 \}$$

absorbe les parties bornées de $\mathcal{D}(M_{(p)}, \Omega)$. Comme $\mathcal{D}(M_{(p)}, \Omega)$ a une topologie bornologique, l'ensemble W_h définit donc un voisinage de zéro. Comme $W_{h_{\alpha,\gamma}} \subset V_{k_{\alpha,\gamma}}$, la topologie définie sur $\mathcal{D}(M_{(p)}, \Omega)$ par la famille $\mathcal{H}$ est plus fine que celle définie par la famille K , donc compatible avec la dualité, pourvu que la topologie définie par la famille K le soit.

Pour voir que $\mathcal{E}_o(M_{(p)}, \Omega)$ est analytiquement uniforme, on remplace les fonctions $k_\ell(z)$ par $\varkappa_\ell(z) = \alpha_o \exp(H_\ell(z) + M_\gamma(z))$.

PROPOSITION I.2-10.- Pour tout ouvert convexe Ω . Les espaces $\mathcal{D}'(M_{(p)}, \Omega)$ et $\mathcal{E}_o(M_{(p)}, \Omega)$ sont analytiquement uniformes.

Démonstration : Nous faisons la preuve pour $\mathcal{D}'(M_{(p)}, \Omega)$. Montrons d'abord (I.2-7) . Soit $\varphi \in \mathcal{D}(M_{(p)}, \Omega)$. Le support de φ est donc contenu dans un K_ℓ , d'où

$$|z^{(p)} \hat{\varphi}(z)| = |(i z)^{(p)} \int \varphi(x) \exp(i < z.x >) dx|$$

$$= |\int (D^{(p)}\varphi(x)) \text{Exp}(i <z.x>) dx| \le (\text{Exp } H_\ell(z))(\int_{K_\ell} dx) A h^{|p|} M_{(p)}$$

si $|D^{(p)} \varphi(x)| \le A h^{|p|} M_{(p)}$.

Donc, il existe une constante $C > 0$ telle que

(I.2-8) $$|\hat{\varphi}(z)| \le C \text{ Exp}\left(H_\ell(z) - M\left(\frac{z}{h}\right)\right)$$

Ce qui prouve que si $j \ge \ell$, on a, lorsque $z \in \Gamma_j$, $|z| \to +\infty$, $\lim \left|\frac{\hat{\varphi}(z)}{k_j(z)}\right| = 0$ limite uniforme en j , $j \ge \ell$. Montrons enfin que cette limite est encore nulle pour $j < \ell$. Soit $a = \sup_{x \in K_\ell} \|x\|$ et soit a_j la partie entière de $\frac{(n+1)a}{\delta_j} + 1$. Comme pour $j < \ell$ et $z \in \mathbb{C}^n$, on a

$$0 \le H_\ell(z) - H_j(z) \le a \|\text{Im } z\|$$

soit pour $z \in \Gamma_j$

$$0 \le \text{Exp}(H_\ell(z) - H_j(z)) \le [\alpha_j(1 + \|Rz\|)]^{\frac{a(n+1)}{\delta_j}} \le [\alpha_j(1 + \|Rz\|)]^{a_j} .$$

Pour $z \in \Gamma_j$ et $j < \ell$, on a encore

$$|\hat{\varphi}(z)| \leq \frac{C}{\alpha_o}\left[\operatorname{Exp}\left(H_\ell(z) - H_j(z) + M_\gamma(z) - M\left(\frac{z}{h}\right)\right)\right] k_j(z) \leq \lambda_j \frac{k_j(z)}{\|z\|}$$

avec

$$\lambda_j = \frac{C}{\alpha_o} \operatorname*{Sup}_{z \in \Gamma_j}\left[\|z\| \operatorname{Exp}\left(H_\ell(z) - H_j(z) - M_\gamma(z) - M\left(\frac{z}{h}\right)\right)\right]$$

$$\leq \frac{C}{\alpha_o} \operatorname*{Sup}_{z \in \Gamma_j}\left[\|z\| \left(\alpha_j(1 + \|\operatorname{Re} z\|)\right)^{a_j} \operatorname{Exp}\left(M_\gamma(z) - M\left(\frac{z}{h}\right)\right)\right]$$

cette dernière quantité est bornée. En effet, la suite $M_{(p)}$ étant dérivable, les nombres α_j et a_j étant donnés, il existe une constante δ telle que

$$\forall z \in \mathbb{C}^n \quad , \quad \|z\|(\alpha_j(1 + \|z\|))^{a_j} \operatorname{Exp}\left(- M\left(\frac{z}{h}\right)\right) \leq \delta \operatorname{Exp}\left(- M\left(\frac{z}{\delta}\right)\right) .$$

donc

$$0 < \lambda_j \leq \frac{C\delta}{\alpha_o} \operatorname*{Sup}_{z \in \mathbb{C}^n}\left[\operatorname{Exp}\left(M_\gamma(z) - M\left(\frac{z}{\delta}\right)\right)\right]$$

Cette borne supérieure est atteinte puisque $\gamma = (\gamma_\ell)_{\ell \in \mathbb{N}}$ est une suite tendant vers l'infini. On a donc prouvé que $\left|\frac{\hat{\varphi}(z)}{k_j(z)}\right|$ tend vers zéro lorsque $\|z\|$ tend vers l'infini avec $z \in \Gamma_j$, même si $j < \ell$. D'où (I.2-7) .

Ce qui prouve aussi, vu les bornés de $\mathcal{D}(M_{(p)}, \Omega)$, que les ensembles V_k absorbent toutes les parties bornées de $\mathcal{D}(M_{(p)}, \Omega)$. La topologie définie par les V_k est moins fine que la topologie initiale de $\mathcal{D}(M_{(p)}, \Omega)$ car cette dernière est bornologique.

Afin de montrer qu'elle est compatible avec la dualité, il nous reste à voir qu'elle est plus fine que la topologie faible. Pour cela, soit $T \in \mathcal{D}'(M_{(p)}, \Omega)$, montrons qu'il existe un V_k tel que $\varphi \in V_k$ entraîne $|T(\varphi)| \leq 1$. D'après le théorème (I.1-3) , on sait qu'il existe une suite $\mu_{(p)}$ de mesures telles que

(I.2-9) $\forall \varphi \in \mathcal{D}(M_{(p)}, \Omega)$, $T(\varphi) = \sum_{(p)} \int D^{(p)} \varphi \, d\mu_{(p)}$

et que

(I.2-10) $\forall \nu > 0$ et $\forall \ell \in \mathbb{N}$, on a $\sum \nu^{|p|} \int_{K_\ell} |d\mu_{(p)}| < +\infty$

Posons

$$B_{(p)}(\ell) = \left(\int_{K_{\ell+1}} |d\mu_{(p)}| - \int_{K_\ell} |d\mu_p| \right) M_{(p)}$$

Pour ℓ donné, chacune des séries $\sum_{(p)} B_{(p)}(\ell) N^{|p|}$ est absolument convergente, donc l'entier N étant donné, on peut trouver un entier p_N tel que pour $\ell = 1, 2, \ldots, N$, on ait

$$\sum_{|p| > p_N} B_{(p)}(\ell) N^{|p|} \leq \frac{1}{2^{N+1}}$$

Posons alors $\gamma'_j = N$ pour $p_N \leq j < p_{N+1}$. La suite $(\gamma'_j)_{j \in \mathbb{N}}$ tend vers $+\infty$ avec j . On pose pour chaque ℓ

$$\beta_\ell = \sum_{(p)} B_{(p)}(\ell)(\gamma'_{|p|})^{|p|} = \sum_{|p| \leq p_\ell} + \sum_{|p| > p_\ell} \leq \sum_{|p| \leq p_\ell} + \sum_{j > \ell} \frac{1}{2^{j+1}} < +\infty$$

donc, si $\varphi \in \mathcal{D}(M_{(p)}, \Omega)$ est telle que pour tout ℓ et tout (p)

(I.2-11) $\sup_{x \in K_{\ell+1} - K_\ell} |D^{(p)} \varphi(x)| \leq \frac{1}{2^{\ell+1} \beta_\ell} (\gamma'_{|p|})^{|p|} M_{(p)}$

On a, d'après (I.2-9)

$$|T(\varphi)| \leq \sum_{(p), \ell} \left| \int_{K_{\ell+1} - K_\ell} D^{(p)} \varphi \, d\mu_{(p)} \right| \leq \frac{1}{2} + \sum_{(p), \ell \geq 1} (\gamma'_{|p|})^{|p|} \frac{1}{2^{\ell+1} \beta_\ell} M_{(p)} \int |d\mu_{(p)}|$$

Soit $|T(\varphi)| \leq 1$.

Il reste à voir que la condition (I.2-11) est conséquence des conditions du type suivant

(I.2-12) $\forall\ \ell\ ,\ \forall\ z \in \Gamma_\ell \qquad |\hat{\varphi}(z)| \leq k_\ell(z)$

où k_ℓ est associé aux suites $\alpha = (\alpha_\ell)_{\ell \in \mathbb{N}}$ et $\gamma = (\gamma_\ell)_{\ell \in \mathbb{N}}$.

Or
$$D^{(p)}\,\varphi(x) = \frac{1}{(2\pi)^n}\int(-i\,\xi)^{(p)}\,\hat{\varphi}(\xi)\,e^{-i<\xi.x>}\,d\,\xi\ .$$

On effectue un changement de contour d'intégration : on intégrera sur la variété $\xi \longmapsto \xi + i\,[\nu\ \mathrm{Log}\ \alpha_\ell(1+\|\xi\|)]\ \eta_o$, $\xi \in \mathbb{R}^n$; avec $\eta_o \in \mathbb{R}^n$ dépendant de x mais non de ξ , $\|\eta_o\| = 1$ et où ν est une constante réelle. Ce changement de contour d'intégration est admissible, en effet, en effectuant un changement de coordonnées orthogonales dans $\mathbb{R}^n$ $y \longmapsto \xi$ qui ramène $(0,\ldots,1)$ à η_o on a :

$$\int \xi^{(p)}\,e^{-i<\xi.x>}\,\hat{\varphi}(\xi)d\xi = \int(\xi(y))^{(p)}\,e^{-i<\xi(y).x>}\,\hat{\varphi}(\xi(y))dy$$

Posons $j(t) = j_\ell(t) = \nu\ \mathrm{Log}\ \alpha_\ell(1 + [y_1^{\,2} + \ldots + y_{n-1}^{\,2} + t^2]^{1/2})$ et

$$A_\ell = \sup_{y_n \in \mathbb{R}} \frac{\mathrm{Log}\ \alpha_\ell(1+\|y\|)}{1+\|y\|}$$. Soit $J(R)$ l'image dans $\mathbb{C}$ de $[-R, +R]$ par l'application $t \longrightarrow t + i\,j(t)$ parcourue dans le sens des t croissants et $L_\pm(R)$ l'image dans $\mathbb{C}$ de $[0, j(R)]$ par l'application $t \longmapsto \pm R + it$ parcourue toujours dans le sens des t croissants. Considérons enfin la fonction d'une variable $y_n \longmapsto f(y_n) = (\xi(y))^{(p)}[\mathrm{Exp}(-i<\xi(y).x>)]\ \hat{\varphi}(\xi(y))$ qui se prolonge en une fonction entière en $\lambda \in \mathbb{C}$. On a :

$$\text{(I.2-12)}\quad \int_{-\infty}^{+\infty} f(y_n)\,dy_n = \lim_{R\to+\infty}\left[\int_{\lambda\in J(R)} f(\lambda)d\lambda + \int_{\lambda\in L_-(R)} f(\lambda)d\lambda - \int_{\lambda\in L_+(R)} f(\lambda)d\lambda\right]$$

Et pour $\lambda \in L_{\pm}(R)$, compte tenu de l'inégalité

$$|\hat{\varphi}(z)| \le A \operatorname{Exp}\left(H \|\operatorname{Im} z\| - M\left(\frac{z}{h}\right)\right)$$

on a

$$|f(\lambda)| \le \left[\frac{(A_\ell + 1)^{|p|}(\|y\| + 1)^{|p|}(\|A_\ell\, y\| + H_\ell)^{H+1}\|x\|}{\operatorname{Exp} M\left(\frac{y}{h}\right)}\right]_{y_n = R}$$

donc les deux dernières intégrales de (I.2-12) sont majorées par

$$\left(\frac{(A_\ell + 1)^{|p|}(\|y\| + 1)^{|p|}\left(A_\ell(1 + \|y\|)\right)^{H+1}\|x\|}{\operatorname{Exp} M\left(\frac{y}{h}\right)} \quad \nu \operatorname{Log}\left(\alpha_\ell(1 + \|y\|)\right)\right)_{y_n = R}$$

qui tend vers zéro quand R tend vers l'infini. Ce qui justifie le changement de contour d'intégration. Notons que ce changement de contour est légitime dès que φ est indéfiniment différentiable.

Soit $x \in \mathbb{R}^n$. Si $x \notin K_{\ell+1}$, les K_ℓ étant convexes d'après Hahn-Banach, on lui associe un vecteur unitaire $\eta_o = \eta_o(x) \in \mathbb{R}^n$ tel que

(I.2-13) $$H_\ell(i\,\eta_o) + \langle x.\eta_o \rangle = -\, b_\ell \le -\, \delta_\ell$$

Soit V la variété $\xi \longmapsto z(\xi) = \xi + i\left[\frac{n+1}{\delta_\ell}\left(\operatorname{Log} \alpha_\ell(1 + \|\xi\|)\right)\right]\eta_o$,

donc $V \subset \Gamma_\ell$. On a

$$|D^{(p)}\varphi(x)| = \frac{1}{(2\pi)^n}\left|\int_{\mathbb{R}^n} (z(\xi))^{(p)} e^{-i\langle z(\xi).x\rangle}\,\hat{\varphi}(z(\xi))\,dz(\xi)\right|$$

par changement de contour d'intégration. Vu la forme de la fonction k_ℓ et tenant compte de (I.2-13) , on a

$$|D^{(p)}\varphi(x)| \le \frac{\alpha_o}{(2\pi)^n}\int_{\mathbb{R}^n} |z(\xi)^{(p)}\left(\alpha_\ell(1 + \|\xi\|)\right)^{-\frac{b_\ell(n+1)}{\delta_\ell}} \operatorname{Exp}\left(-M_\gamma(z(\xi))\right) dz(\xi)|$$

$$\le \frac{\alpha_o}{(2\pi)^n}\left(\frac{1}{\alpha_\ell}\right)^{\frac{b_\ell(n+1)}{\delta_\ell}} \int_V |z^{(p)} \operatorname{Exp}\left(-M_\gamma(z)\right) dz|$$

Comme

$$\frac{|z^{(p)}|(1+\|z\|)^{n+1}}{\operatorname{Exp} M_\gamma(z)} \leq \frac{|z^{(p)}|(1+|z_1|+\dots+|z_n|)^{n+1}}{\operatorname{Exp} M_\gamma(z)} = \sum_{|q|\leq n+1} C_{n+1}^{(q)} \frac{|z^{(p+q)}|}{\operatorname{Exp} M_\gamma(z)}$$

$$\leq (n+1)^{n+1} \max_{|q|\leq n+1} \left(M_{(p+q)}\, \gamma_{|p+q|}^{|p+q|} \right)$$

on obtient

$$|D^{(p)}\varphi(x)| \leq \frac{1}{(2\pi)^n}\left(\frac{1}{\alpha_\ell}\right)^{n+1} (n+1)^{n+1} \max_{|q|\leq n+1} \left(M_{(p+q)}\gamma_{|p+q|}^{|p+q|} \right) \int_{\mathbb{R}^n} \frac{2\, d\xi}{(1+\|\xi\|)^{n+1}}$$

Puisque $\alpha_\ell \geq 1$ et puisque la suite $M_{(p)}$ est dérivable, il existe une constante C_o dépendant seulement de la suite $M_{(p)}$ telle que

$$\left(\max_{|q|\leq n+1} (M_{(p+q)}) \right) \frac{(n+1)^{n+1}}{(2\pi)^n} \int_{\mathbb{R}^n} \frac{2\, d\xi}{(1+\|\xi\|)^{n+1}} \leq C_o\, M_{(p)}$$

donc la suite γ_ℓ étant majorée croissante, on a

$$|D^{(p)}\varphi(x)| \leq \left(\frac{1}{\alpha_\ell}\right)^{n+1} C_o\, M_{(p)}\, \gamma_{|p|+n+1}^{|p|+n+1}$$

cette quantité sera majorée par $\dfrac{1}{2^{\ell+1}\beta_\ell}\left(\gamma'_{|p|}\right)^{|p|} M_{(p)}$, si on prend pour

α et γ deux suites tendant vers l'infini telles que

$$\alpha_\ell \geq \left(2^{\ell+1}\beta_\ell\right)^{\frac{1}{n+1}}$$

$$\gamma_{\ell+n} \leq \gamma_{\ell+n+1} \leq \left(\gamma'_\ell\right)^{\frac{\ell}{\ell+n+1}}$$

C.Q.F.D.

4. Les théorèmes de Paley - Wiener

Pour tout compact K de $\mathbb{R}^n$, on définit, rappelons-le, sa fonction d'appui

$$H_K(z) = \operatorname*{Max}_{x \in K} (- < \operatorname{Im} z.x >) .$$

Cette fonction est positivement homogène et ne dépend que de l'enveloppe convexe $\Gamma(K)$ de K.

THEOREME I.2-11.- Pour qu'une fonction entière f soit la transformée de Fourier d'une fonction $\varphi \in \mathcal{D}(M_{(p)})$ (resp. d'une ultradistribution $T \in \mathcal{E}'_o(M_{(p)})$, resp. $T \in \mathcal{E}'(M_{(p)})$) de support contenu dans $\Gamma(K)$, il faut et il suffit qu'il existe des constantes A et h strictement positives telles que

$$|f(z)| \leq A \operatorname{Exp}\left(H_K(z) - M\left(\frac{z}{h}\right)\right)$$

$$\left(\text{Resp. } |f(z)| \leq A \operatorname{Exp}\left(H_K(z) + M\left(\frac{z}{h}\right)\right)\right.$$

et dans le cas $\mathcal{E}'(M_{(p)})$, il faut et il suffit qu'il existe A et une suite $(\gamma_p)_{p \in \mathbb{N}}$ tendant vers l'infini telles que

$$\left. |f(z)| \leq A \operatorname{Exp} (H_K(z) + M_\gamma(z)) \right) .$$

La première et la troisième partie se trouvent dans Roumieu [32] sous une forme légèrement différente. Nous n'insistons pas. Donnons la preuve pour que f soit la transformée de Fourier d'une $T \in \mathcal{E}'_o(M_{(p)})$. C'est nécessaire car T étant continue sur $\mathcal{E}_o(M_{(p)})$, il existe une semi-norme $\| \ \|_{K,h}$ sur $\mathcal{E}_o(M_{(p)})$ telle que

$$\forall \psi \in \mathcal{E}_o(M_{(p)}) \ , \ \|\psi\|_{K,h} \leq 1 \Longrightarrow |T(\psi)| \leq A$$

Considérons la famille des fonctions

$$x \longmapsto \psi_z(x) = \operatorname{Exp}\left(- H_K(z) - M\left(\frac{z}{h}\right) + i < z.x >\right)$$

On a pour tout $z \in \mathbb{C}^n$,

$$\|\Psi_z\|_{K,h} = \{\operatorname{Exp}[-H_K(z) - M(\frac{z}{h})]\} \sup_{(p)} [\sup_{x\in K} |\frac{(iz)^{(p)}}{h^{|p|} M_{(p)}} \operatorname{Exp}(i<z.x>)|] \leq 1$$

et
$$T(\psi_z) = \{\operatorname{Exp}[-H_K(z) - M(\frac{z}{h})]\}\hat{T}(z)$$

d'où
$$|\hat{T}(z)| \leq A \operatorname{Exp}[H_K(z) + M(\frac{z}{h})]$$

Pour la suffisance, considérons une suite $N_{(p)} \in \mathcal{M}$ telle que $N \prec M$. On sait [32] alors, que f est la transformation de Fourier d'un $T \in \mathcal{E}'(N_{(p)})$ dont le support est contenu dans $\Gamma(K)$. Il nous reste donc à nous assurer que T se prolonge par continuité à $\mathcal{E}_0(M_{(p)})$. Mais pour tout $\psi \in \mathcal{E}(N_{(p)})$ de forme exponentielle i.e. $\psi(x) = \psi_z(x) = \operatorname{Exp}(i<z.x>)$ satisfaisant à

$$\|\psi(x)\|_{K,h} = \operatorname{Exp}[H_K(z) + M(\frac{z}{h})] \leq 1$$

On a $T(\psi_z) = f(z)$. Donc de notre l'hypothèse sur f, on a

$$\|\psi_z\|_{K,h} \leq 1 \quad \text{implique} \quad |T(\psi_z)| \leq A$$

Les fonctions exponentielles étant totales dans $\mathcal{E}_0(M_{(p)})$, on voit que T se prolonge bien à $\mathcal{E}_0(M_{(p)})$.

Nous allons généraliser ce résultat au cas de support singulier (comparer avec le théorème I.8.16 de M.Björk [2]). Soit $S \in \mathcal{D}'(M_{(p)}, \Omega)$ nous définissons le support $M_{(p)}$-singulier de S comme étant le plus petit fermé en dehors duquel S est indéfiniment différentiable de la classe $\mathcal{E}(M_{(p)})$. Il vient le

<u>THEOREME I.2-12.- Pour que</u> $S \in \mathcal{E}'(M_{(p)})$ <u>ait son support</u> $M_{(p)}$<u>-singulier dans un compact convexe</u> K <u>, il suffit que pour tout entier</u> $j > 0$<u>, il existe des constantes positives</u> A_j, h_j <u>et une suite de nombres positifs</u> $\gamma(j) = \{\gamma_m(j)\}$ <u>tendant vers l'infini avec</u> m, <u>telles que</u>

(I.2-14) $\forall$ $z=\xi+i\eta\in \mathbb{C}^n$ <u>satisfaisant à</u> $\|\eta\| \leq j\, M(h_j\, \xi)$ <u>,on a</u>

$$|\hat{S}(z)| \leq A_j \operatorname{Exp}\,[\, H_K(z) + \frac{1}{j}\|\eta\| + M_Y(\xi)\,]$$

<u>La condition est aussi nécessaire si la suite</u> $M_{(p)}$ <u>est telle que</u>

(I.2-15) <u>Pour tout</u> $j>0$<u>,il existe</u> $d_j > 0$ <u>tel que</u> $j\,M(x) \leq M(d_j x)$ <u>dès que</u> $\|x\| \geq d_j$.

<u>Démonstration</u> : Nous allons montrer que l'hypothèse entraine que,pour tout ouvert U convexe relativement compact tel que $d(K,U) > 0$,la restriction de S à U définit une forme linéaire sur $\mathcal{D}(M_{(p)}, U)$ continue pour la topologie induite par celle de $\mathcal{E}'(M_{(p)}, U)$. La réunion de tels U constituant le complémentaire de K , S a donc K pour support $M_{(p)}$-singulier.

L'ouvert U étant donné, il existe un entier j tel que

$$d\,(K,U) > \frac{2}{j}$$

il existe donc $\eta_0 \in \mathbb{R}^n$, $\|\eta_0\| = 1$ tel que

$$\forall \quad x \in U \qquad \langle x,\eta_0\rangle \leq -\frac{2}{j} - H_K(i\eta_0)$$

Soit

(I.2-16) $$H_K(\, i\eta_0) + H_U(-i\eta_0) \leq -\frac{2}{j} \quad .$$

Pour calculer $S(\varphi)$, $\varphi \in \mathcal{D}(M_{(p)}, U)$, on va se servir de la formule de Parseval et on déforme la variété d'intégration. Considérons,en effet,la variété V dans $\mathbb{C}^n$, l'image de $\mathbb{R}^n$ par application $\xi \longrightarrow \xi+i(j^2 J(\xi))\eta_0$ où on pose $J(\xi) = M(\,h_j\,\xi\,)$. On a

$$S(\varphi) = \frac{1}{(2\pi)^n} \int_{\mathbb{R}^n} \hat{S}(x)\hat{\varphi}(x)\, dx = \frac{1}{(2\pi)^n} \int_{z\,\in V} \hat{S}(z)\hat{\varphi}(-z)\, dz$$

Ce changement de variété d'intégration se justifie ,car $z \longrightarrow \hat{S}(z)\hat{\varphi}(-z)$ est une fonction entier satisfaisant aux estimations qui suivent : la fonction φ étant dans $\mathcal{D}(M_{(p)}, U)$,il existe des constantes A_0 et B_0 telles que

$$\forall \quad z \in \mathbb{C}^n , \qquad |\hat{c}(z)| \leq A_0 \operatorname{Exp} [H_U(z) - M(\frac{\operatorname{Re} z}{B_0})]$$

Tenant compte de (I.2-14) et (I.2-16) ,nous avons : pour tout $z = \xi + i\eta$ avec $\eta = \alpha\eta_0$ et $0 < \alpha \leq j^2 J(\xi)$, l'estimation

$$|\hat{S}(z)\hat{\varphi}(-z)| \leq A_0 A_{j^2} \operatorname{Exp} [H_K(z) + H_U(-z) + \frac{1}{j}\|\eta\| + M_Y(\xi) - M(\frac{\xi}{B_0})]$$

$$\leq A_0 A_{j^2} \operatorname{Exp} [- \frac{\alpha}{j} + M_Y(\xi) - M(\frac{\xi}{B_0})]$$

de sort que lorsque $\|\xi\| \longrightarrow +\infty$

$$|j^2 J(\xi)| \sup_{0<\alpha\leq j^2 J(\xi)} | \hat{S}(z)\hat{\varphi}(-z)| \leq A_0 A_{j^2} |j^2 J(\xi)| \operatorname{Exp}[M_Y(\xi)-M(\frac{\xi}{B_0})] \longrightarrow 0$$

ce qui justifie le changement de variété d'intégration grâce au théorème de Cauchy .

Désignons par $W(A_0)$ l'ensemble des $\varphi \in \mathcal{D}(M_{(p)}, U)$ telles que

$$|\hat{\varphi}(-z)| \leq A_0 \operatorname{Exp}[H_U(-z) + J(\xi)]$$

on voit alors que,pour toute $\varphi \in W(A_0)$ et tout $z \in V$

$$|\hat{S}(z)\hat{\varphi}(-z)| \leq A_0 A_{j^2} \operatorname{Exp}[-j J(\xi) + M_Y(\xi) + J(\xi)]$$

Mais $\lim_{\|x\| \to \infty} [\frac{M(x)}{(j-2)J(x)}] = 0$;donc dès que $\|z\|$ est assez grand,on a

$$|\hat{S}(z)\hat{\varphi}(-z)| \leq A_0 A_{j^2} \operatorname{Exp} (-J(\xi))$$

Il existe donc une constante C_0 telle que

$$\forall \quad \varphi \in W(A_0) , \qquad |S(\varphi)| = \frac{1}{(2\pi)^n} \left| \int_V \hat{S}(z)\hat{\varphi}(-z)\, dz \right| \leq C_0$$

ce qui prouve que S se prolonge par continuité à $\mathcal{E}'(M_{(p)},U)$, donc la restriction de S à U est un élément de $\mathcal{E}(M_{(p)},U)$.

(Rappelons que ces espaces sont réflexifs.)

Montrons la nécessité. Soit j un entier donné, considérons un ouvert U_j contenant K, tel que la distance de K à U_j soit inférieure à $\frac{1}{j}$. Soit $u_j \in \mathcal{D}(M_{(p)}, \Omega)$ identique à un sur K, à 0 dans la complémentaire de U_j.

Posons $S_1 = u_j S$ et $S_2 = S - u_j S$, ce dernier est une fonction de $\mathcal{D}(M_{(p)}, U_j)$. Il existe donc, d'après le théorème (I.2-11), une suite $\gamma = (\gamma_m(j))_{m \in \mathbb{N}}$ tendant vers l'infini avec m et des constantes positives h_1, h_2 et h telles que pour tout $z \in \mathbb{C}^n$, on ait

$$(I.2\text{-}17) \qquad |\hat{S}_1(z)| \leq h_1 \operatorname{Exp} [H_K(z) + \frac{1}{j} \|\operatorname{Im} z\| + M_\gamma(\xi)]$$

$$(I.2\text{-}18) \qquad |\hat{S}_2(z)| \leq h_2 \operatorname{Exp} [h_2 \|\operatorname{Im} z\| - M(h\, z)]$$

mais de (I.2-15), il existe un $d_j > 0$, tel que

$$h_2\, j\, M(d_j x) \leq M(hx) \text{ dès que } \|x\| \text{ est assez grand.}$$

Donc, $\hat{S}_2(z)$ reste bornée dans $\{z \in \mathbb{C}^n \mid \|\eta\| \leq j\, M(d_j x)\}$. On peut alors trouver une constante $\beta_j > 0$ telle que

$\forall\ z = \xi + i\,\eta \in \mathbb{C}^n$, $\|\eta\| \leq j\, M(d_j \xi)$, on ait

$$|\hat{S}(z)| \leq |\hat{S}_1(z)| + |\hat{S}_2(z)| \leq \beta_j \operatorname{Exp} [H_K(z) + \frac{1}{j} \|\eta\| + M_\gamma(\xi)]$$

c.q.f.d.

Notons que les suites $M_{(p)} = [(p)!]^\alpha$, $\alpha > 1$, d'une classe de Gevrey vérifient la condition (I.2-15).

5. La formule de Leibnitz - Hörmander généralisée

Nous allons généraliser la formule de Leibnitz-Hörmander au cas des ultra-distributions. Soit S une ultradistribution à support compact, définissons $S^{(q)}$ (où $(q) \in \mathbb{N}^n$) par la formule

$$\varphi \longmapsto \frac{1}{(2\pi)^n} \int_{\mathbb{R}^n} \left[\frac{\partial^{|q|}}{\partial \xi_1^{q_1} \dots \partial \xi_n^{q_n}} \hat{S}(\xi)\right] \hat{\varphi}(-\xi) d\xi \quad , \quad \forall \varphi \in \mathcal{D}(M_{(p)})$$

En désignant par $(i\,x)^{(p)}$ la fonction $x \longmapsto (i\,x_1)^{p_1} \dots (i\,x_n)^{p_n}$ on a $S^{(q)} = (i\,x)^{(q)} . S$. Il vient

PROPOSITION I.2-13.- *Pour toute* α *prolongeable en une fonction entière sur* $\mathbb{C}^n$, *on a alors* $\forall S \in \mathcal{E}'(M_{(p)})$ *et* $\forall T \in \mathcal{D}'(M_{(p)})$.

$$\text{(I.2-19)} \qquad S * \alpha T = \sum_{(q) \in \mathbb{N}^n} \frac{(i)^{|q|}}{(q)!} (D^{(q)} \alpha)(S^{(q)} * T) \quad .$$

Démonstration : Comme α est entière, on a

$$\sum \frac{(i)^{|q|}}{(q)!} (i\,\xi)^{(q)} (D^{(q)} \alpha)(x) = \alpha(x - \xi)$$

et (I.2-19) en résulte.

PROPOSITION I.2-14.- *Soit* $S = P(D)$ *un opérateur différentiel d'ordre infini de la classe* $M_{(p)}$ *alors l'égalité* (I.2-19) *est valable pour toute* $\alpha \in \mathcal{E}(M_{(p)}, \Omega)$ *et toute* $T \in \mathcal{D}'(M_{(p)}, \Omega)$.

Démonstration : Pour $(q) \in \mathbb{N}^n$ et $k \in \mathbb{N}$ notons par $\mathbb{N}^n(q, k)$ le sous-ensemble des $(p) = (p_1, \dots, p_n) \in \mathbb{N}^n$ tels que $p_1 + \dots + p_n \geq k$ et que $p_1 \geq q_1, \dots, p_n \geq q_n$.

Soit $P(D) = \sum a_{(p)} D^{(p)}$, nous écrirons $P(D) = \sum_{|p| \leq k} + \sum_{|p| \geq k} = (P - P_k) + P_k$

Alors $\quad P^{(q)}(D) = \left(P^{(q)}(D) - P_k^{(q)}(D)\right) + \left(P_k^{(q)}(D)\right) \quad$ avec

$$P_k^{(q)}(D) = \sum_{(p)\in \mathbb{N}^n(q,k)} a_{(p)}\,(i)^{|q|}\,\frac{(p)!}{(p-q)!}\,D^{(p-q)}$$

Comme $\quad P - P_k = \sum_{|p|\leq k} a_{(p)}\,D^{(p)} \quad$ est un opérateur différentiel, la formule (I.2-19) est vérifiée pour cet opérateur. Pour avoir la proposition il suffit donc de montrer que pour toute $T \in \mathcal{D}'(M_{(p)}, \Omega)$ et toute $\alpha \in \mathcal{E}(M_{(p)}, \Omega)$, on a

(i) $\quad \displaystyle\sum_{(q)} \frac{(i)^{|q|}}{(q)!}\,(D^{(q)}\,\alpha)(P_k^{(q)}(D)T)$ converge vers J_k dans $\mathcal{D}'(M_{(p)},\Omega)$

(ii) La suite des ultradistributions J_k converge vers zéro (dans $\mathcal{D}'(M_{(p)}, \Omega)$) quand k tend vers l'infini.

C'est à dire que pour toute $\varphi \in \mathcal{D}(M_{(p)}, \Omega)$, on a

$$J_k(\varphi) = \sum_{(q)} \frac{(i)^{|q|}}{(q)!}\left(P_k^{(q)}(D)(D^{(q)}\,\alpha.\varphi)\right)(0) \tag{I.2-20}$$

et que cette expression tend vers zéro quand k tend vers l'infini. On a :

$$|D^{(p-q)}(\varphi\,.\,D^{(q)}\,\alpha)| \leq \sum_{(p-q)\geq(h)} C_{(p-q)}^{(h)}\,|D^{(p-h)}\,\alpha|\,|D^h\varphi|$$

où $\quad C_{(p)}^{(q)} = \dfrac{p_1!\,\dots\,p_n!}{q_1!\,\dots\,q_n!\,(p_1-q_1)!\,\dots\,(p_n-q_n)!}$

Mais $\alpha \in \mathcal{E}(M_{(p)})$ et $\varphi \in \mathcal{D}(M_{(p)}, \Omega)$. Il existe donc une constante H_o

telle que

$$\left|\left(D^{(p-q)}(\varphi\, D^{(q)}\,\alpha)\right)(x)\right| \leq \sum_{\substack{(h)\in\mathbb{N}^n\\(h)\leq(p-q)}} C^{(h)}_{(p-q)}\, H_o^{|p|+1}\, M_{(p-h)} M_{(h)} \quad , \quad \forall\, x\in\Omega$$

D'autre part, $M_{(p)} \in \mathcal{M}$, il existe donc une constante $\gamma_o > 0$ telle que

$$M_{(p-h)}\, M_h \leq \gamma_o^{|p|+1}\, M_{(p)} \quad .$$

Enfin de $\sum_{\substack{(h)\\(h)\leq(p)}} C^{(h)}_{(p)} \leq 2^{|p|}$, soit <u>a fortiori</u> $C^{(q)}_{(p)} \leq 2^{|p|}$, on tire

$$\left|\left(D^{(p-q)}(\varphi\, D^{(q)}\,\alpha)\right)(x)\right| \leq \frac{1}{C^{(q)}_{(p)}}\, H_1^{|p|+1}\, M_{(p)}$$

où $H_1 \geq 4\,\gamma_o\, H_o$. Donc

(I.2-21) $$\left| P_k^{(q)}\left(\frac{1}{q!}\,(D^{(q)}\,\alpha)\,\varphi\right)\right| \leq \sum_{\substack{(p)\\(p)\geq(q),k}} |\, a_{(p)} H_1^{|p|+1}\, M_{(p)}|$$

On écrit J_k sous la forme :

(I.2-22) $$J_k(\varphi) = \sum_{(q)} = \sum_{|q|\geq k} + \sum_{|q|<k}$$

La seconde somme ne comporte au plus que $\frac{1-n^k}{1-n}$ multi-indices (q) ; on a d'après (I.2-21)

(I.2-23) $$\left|\sum_{|q|<k}\left(P_k^{(q)}\left(\frac{(i)^{(q)}}{(q)!}\,\varphi . D^{(q)}\alpha\right)\right)(0)\right| \leq \frac{1-n^k}{1-n}\sum_{\substack{(p)\\(p)\geq(q),k}} |\, a_{(p)} H_1^{|p|+1}\, M_{(p)}|$$

Dans le terme $\sum_{|q| \geq k}$ de (I.2-22) , le coefficient $a_{(p)}$ n'apparaît qu'au plus $\frac{1 - n^{|p|+1}}{1 - n}$ fois, puisque ce coefficient n'intervient dans l'expression $P_k^{(q)}$ que si $(q) \leq (p)$. Donc :

$$\text{(I.2-24)} \quad \Big| \sum_{|q| \geq k} \Big(P_k^{(q)} \Big(\frac{(i)^{(q)}}{(q)!} \varphi . D^{(q)} \alpha \Big) \Big)(0) \Big| \leq \sum_{\substack{(p) \\ (p) \geq (q), k}} \Big(\frac{1 - n^{|p|+1}}{1 - n} \Big) | a_{(p)} H_1^{|p|+1} M_{(p)} |$$

Les estimations (I.2-23) et (I.2-24) jointes au fait que $P(D)$ est de la classe $M_{(p)}$ montrent que la série définissant $J_k(\varphi)$ est absolument convergente et que $J_k(\varphi)$ tend vers zéro quand k tend vers l'infini.

Contre-exemple : L'exemple suivant montre que la proposition I.2-14 ne se généralise pas au cas où S n'a pas pour support l'origine.
Soit $S = \delta(x - a)$ la mesure de Dirac placée au point $x = a$ et pour $n = 1$.
Notant par $< , >$ l'accouplement dans la dualité $\mathcal{D}(M_{(p)})$, et $\mathcal{D}'(M_{(p)})$, nous avons alors

$$\forall \varphi \in \mathcal{D}(M_{(p)}, \mathbb{R}) \quad , \quad < S * \alpha T, \varphi > = \int T(x) \, \alpha(x) \, \varphi(x + a) \, dx$$

et
$$< \frac{(i)^q}{q!} D^{(q)} \alpha . (S^{(q)} * T), \varphi > = \frac{1}{q!} \int T(x) < \delta(y-a), (-y)^q (\alpha^{(q)}(y+x)) \varphi(y+x) > dx$$
$$= \frac{(-a)^q}{q!} \int T(x) (\alpha^{(q)}(x + a)) \, \varphi(x + a) \, dx$$

Si on veut que la formule de Leibnitz-Hörmander se généralise, on doit avoir

$$\alpha(x) \, T(x) = \Big(\sum_{q = 0}^{\infty} \frac{(-a)^q}{q!} \alpha^{(q)}(x + a) \Big) T(x) \quad .$$

C'est à dire que la fonction α doit être prolongeable en une fonction analytique dans $\{ z \in \mathbb{C} \, , \, |\text{Im } z| \leq |a| \}$.

CHAPITRE II

Sur le module minimum des fonctions analytiques complexes

1. En vue de leur application à l'étude du problème de l'inversibilité d'une équation de convolution, nous groupons ici quelques théorèmes sur le module minimum des fonctions analytiques de plusieurs variables complexes. Le théorème II.1.1 est démontré sous une forme un peu plus faible par Hörmander (cf. Lemme 3.2 p. 154 [17]) et pour le cas des polynômes par Malgrange (Chapitre I. Lemme 1. p. 286 [22]).

THEOREME II.1.1. - Soient f et g deux fonctions entières telles que f/g soit entière. On a alors

(II.1.1) $$\forall\ z \in \mathbb{C}^n\ ,\quad \forall\ \rho > r \geq 0\ ,$$

$$|f(z)/g(z)| \leq \sup_{\|\zeta\| \leq \rho} |f(z+\zeta)| \sup_{\|\zeta\| \leq \rho} |g(z+\zeta)|^{\frac{2r}{\rho - r}} \Big/ \sup_{\|\zeta\| \leq r} |g(z+\zeta)|^{\frac{\rho + r}{\rho - r}}$$

Prenant $\rho = 3r$, il vient

COROLLAIRE II.1.2. - Sous les mêmes hypothèses, on a :

$$\forall\ z \in \mathbb{C}^n \quad \text{et} \quad \forall\ r > 0$$

$$|f(z)/g(z)| \leq \sup_{\|\zeta\| \leq 3r} |f(z+\zeta)| \sup_{\|\zeta\| \leq 3r} |g(z+\zeta)| \Big/ \sup_{\|\zeta\| \leq r} |g(z+\zeta)|^2$$

Démonstration. Soit $\zeta_0 \in \mathbb{C}^n$, $\|\zeta_0\| = 1$ tel que

$$\sup_{|\zeta| \leq r} |g(z+\zeta)| = |g(z + r\,\zeta_0)|$$

On considère la fonction d'une variable complexe

$$\lambda \longmapsto f(z+\lambda\,\zeta_0) \,/\, g(z+\lambda\,\zeta_0)$$

C'est une fonction entière en λ . Posons

$$F(\lambda) = f(z + \lambda \zeta_o) \qquad \text{et} \qquad G(\lambda) = g(z + \lambda \zeta_o)$$

la fonction $\lambda \longmapsto \operatorname{Log} \left| {}^{F(\lambda)}/_{G(\lambda)} \right|$ est alors sousharmonique. On a donc

$$\text{(II.1.2)} \quad \operatorname{Log} \left| {}^{F(0)}/_{G(0)} \right| \le \frac{1}{2\pi} \left[\int_0^{2\pi} \operatorname{Log} |F(\rho\, e^{i\theta})| d\theta - \int_0^{2\pi} \operatorname{Log} |G(\rho\, e^{i\theta})| d\theta \right]$$

$$\le \sup_{\theta \in \mathbb{R}} \operatorname{Log} |F(\rho\, e^{i\theta})| - \frac{1}{2\pi} \int_0^{2\pi} \operatorname{Log} |G(\rho\, e^{i\theta})| d\theta$$

Pour majorer l'intégrale, nous allons considérer la fonction sousharmonique

$\lambda \longmapsto \operatorname{Log} \left| \frac{G(\lambda)}{G_o} \right|$, <u>NEGATIVE</u> pour $|\lambda| \le \rho$ où $G_o = \max_{\theta \in \mathbb{R}} |G(\rho\, e^{i\theta})|$.

Compte tenu de $\dfrac{\rho - r}{\rho + r} \le \dfrac{\rho^2 - r^2}{|\rho e^{i\theta} - re^{i\Psi}|^2} = N(re^{i\Psi}, \rho e^{i\theta})$

On a

$$\operatorname{Log} \left| \frac{G(re^{i\Psi})}{G_o} \right| \le \frac{1}{2\pi} \int_0^{2\pi} N(re^{i\Psi}, \rho e^{i\theta}) \operatorname{Log} \left| \frac{G(\rho e^{i\theta})}{G_o} \right| d\theta$$

$$\le \frac{\rho - r}{\rho + r} \left[\frac{1}{2\pi} \int_0^{2\pi} \operatorname{Log} \left| \frac{G(\rho e^{i\theta})}{G_o} \right| d\theta \right]$$

Soit

$$\frac{1}{2\pi} \int_0^{2\pi} \operatorname{Log} |G(\rho e^{i\theta})| d\theta \ge \frac{\rho + r}{\rho - r} \operatorname{Log} |G(re^{i\Psi})| + \left(1 - \frac{\rho + r}{\rho - r}\right) \operatorname{Log} G_o \quad .$$

L'inégalité étant vérifiée pour tout $\Psi \in \mathbb{R}$. Donc le terme $\operatorname{Log} |G(re^{i\Psi})|$ peut être remplacé par $\sup_{\Psi \in \mathbb{R}} \operatorname{Log} |G(re^{i\Psi})| = \operatorname{Log} |g(z + r\, \zeta_o)|$ et **portant** ceci dans (II.1.2), on obtient

$$\operatorname{Log} \left| {}^{f(z)}/_{g(z)} \right| \le \sup_{|\lambda| \le \rho} \operatorname{Log} |f(z + \lambda\, \zeta_o)| + \frac{2r}{\rho - r} \sup_{|\lambda| \le \rho} \operatorname{Log} |g(z + \lambda\, \zeta_o)|$$

$$- \frac{\rho + r}{\rho - r} \operatorname{Log} |g(z + r\, \zeta_o)|$$

soit, a fortiori

$$\left|{}^{f(z)}/_{g(z)}\right| \leq \sup_{|\zeta| \leq \rho} |f(z+\zeta)| \sup_{|\zeta| \leq \rho} |g(z+\zeta)|^{\frac{2r}{\rho - r}} / |g(z + r\zeta_o)|^{\frac{\rho + r}{\rho - r}}$$

C.Q.F.D.

<u>Une variante du théorème II.1.1.</u> : Soit $r_o = (r_1,\ldots, r_n) \in \mathbb{R}_+^n$.
Pour tout $z \in \mathbb{C}^n$, nous écrirons $(z) \leq r_o$, si on a $|z_j| \leq r_j$, $j = 1,\ldots n$
Il vient le

<u>THEOREME II.1.3.</u> - <u>Soient</u> f <u>et</u> g <u>deux fonctions entières sur</u> $\mathbb{C}^n$, <u>telles que</u> ${}^f/_g$ <u>soit entière, alors</u> $\forall\ r_o \in \mathbb{R}_+^n$ <u>et</u> $\forall\ z \in \mathbb{C}^n$, <u>on a</u>

$$\left|{}^{f(z)}/_{g(z)}\right| \leq \sup_{(\zeta) \leq 3r_o} |f(z+\zeta)| \sup_{(\zeta) \leq 3r_o} |g(z+\zeta)| / \sup_{(\zeta) \leq r_o} |g(z+\zeta)|^2$$

<u>Démonstration</u>. Soit, en effet, ζ_o avec $(\zeta_o) \leq r_o$ tel que

$$\sup_{(\zeta) \in r_o} |(g(g+\zeta)| = |g(z+\zeta_o)|$$

Appliquons le théorème précédent à la fonction d'une variable

$$\lambda \longmapsto {}^{f(z+\lambda\,\zeta_o)}/_{g(z+\lambda\,\zeta_o)}$$

avec $r = 1$ et $\rho = 3$.

C.Q.F.D.

2. Partons du théorème de Cartan-Caratheodory tel qu'il est énoncé dans Levin (cf. [20] p. 21) qui dit qu'une fonction de la variable complexe λ holomorphe dans un voisinage de $|\lambda| \leq 2\,e\,R$ telle que $f(0) = 1$ satisfait à

$$\mathrm{Log}\,|f(\lambda)| \geq -\left(2 + \mathrm{Log}\,\frac{3e}{2\pi}\right) \mathrm{Log} \sup_{|\mu| \leq 2\,e\,R} |f(\mu)|$$

pour tout $|\lambda| \leq R$, sauf sur la réunion d'une famille de disques donc la somme des rayons est inférieure à $4\eta R$ et ceci pour tout η vérifiant $0 < \eta \le \frac{3e}{2}$. Notons, après Levin, $H = H(\eta) = 2 + \operatorname{Log}\frac{3e}{2\eta}$. Nous avons le

THEOREME II.2.1. - Soit g une fonction de la variable complexe λ , holomorphe dans un voisinage de $|\lambda| \le 3\,e\,R$ et ne s'annulant pas dans le disque $|\lambda| \le \frac{3r}{2}$; alors pour tout λ_0 tel que $|\lambda_0| = R$, on a

$$(\text{II.2.1}) \qquad |g(0)| \ge |g(\lambda_0)|^{3(H+1)} \Big/ \sup_{|\lambda| \le 3Re} |g(\lambda)|^{3H} \sup_{|\lambda| \le \frac{3r}{2}} |g(\lambda)|^2$$

quels que soient R , r et η avec $16\,\eta\,R < r$ et $H = H(\eta) > 0$.

Démonstration. Supposons que $g(\lambda_0) \ne 0$, sinon le théorème est trivial. Considérons la fonction

$$\lambda \longmapsto f(\lambda) = g(\lambda_0 - \lambda) \big/ g(\lambda_0)$$

1°) Si $r < 2R$, on a alors $\eta \le \frac{r}{16R} < \frac{1}{8} \le \frac{3e}{2}$. Le résultat de Cartan-Caratheodory montre qu'il existe $\lambda_1 = t\,\lambda_0$ avec $0 \le t \le \frac{r}{2R}$ tel que

$$(\text{II.2.2}) \qquad \operatorname{Log} |f(\lambda_0 - \lambda_1)| \ge -H(\eta) \operatorname{Log} \sup_{|\mu| \le 2Re} |f(\mu)|$$

mais par le module maximum,

$$(\text{II.2.3}) \qquad \sup_{|\mu| \le 2Re} |f(\mu)| \le \frac{1}{|g(\lambda_0)|} \sup_{|\nu| \le 3Re} |g(\nu)|$$

D'autre part, g étant non nulle pour $|\lambda| \le \frac{3r}{2}$, il s'ensuit que la fonction $\lambda \longmapsto h(\lambda) = g(\lambda + \lambda_1) \Big/ \sup_{|\nu| \le 2|\lambda_1|} |g(\nu + \lambda_1)|$ ne s'annule pas dans $|\lambda| \le 2|\lambda_1|$; la fonction $\operatorname{Log}|h|$ y est donc harmonique et NEGATIVE, d'où, en posant $\rho = 2|\lambda_1|$

$$\text{Log } |h(-\lambda_1)| = \frac{1}{2\pi}\int_0^{2\pi} N(-\lambda_1 , \rho e^{i\theta}) \text{ Log } |h(\rho e^{i\theta})| \, d\theta$$

et en tenant compte de

$$0 \le N(-\lambda_1 , \rho e^{i\theta}) \le \frac{\rho + |\lambda_1|}{\rho - |\lambda_1|} = 3$$

on obtient

(II.2.4) $$\text{Log } |h(-\lambda_1)| \ge \frac{3}{2\pi}\int_0^{2\pi} \text{Log } |h(\rho e^{i\theta})| \, d\theta = 3 \text{ Log } |h(0)|$$

qui, joints à (II.2.2) et à (II.2.3) donnent l'inégalité cherchée.

2°) Si $r \ge 2R$, on a un résultat meilleur en considérant la fonction harmonique NEGATIVE au voisinage du disque $|\lambda| \le 2 |\lambda_0|$

$$\text{Log } |h_1(\lambda)| = \text{Log } \left| g(\lambda_0 + \lambda) \Big/ \sup_{|\mu| \le 2|\lambda_0|} |g(\lambda_0 + \mu)| \right|$$

et l'inégalité (II.2.4) s'écrit pour la fonction h_1 :

$$\text{Log } |h_1(-\lambda_0)| \ge 3 \text{ Log } |h_1(0)|$$

soit

$$|g(0)| \ge |g(\lambda_0)|^3 \Big/ \sup_{|\lambda| \le \frac{3r}{2}} |g(\lambda)|^2$$

C.Q.F.D.

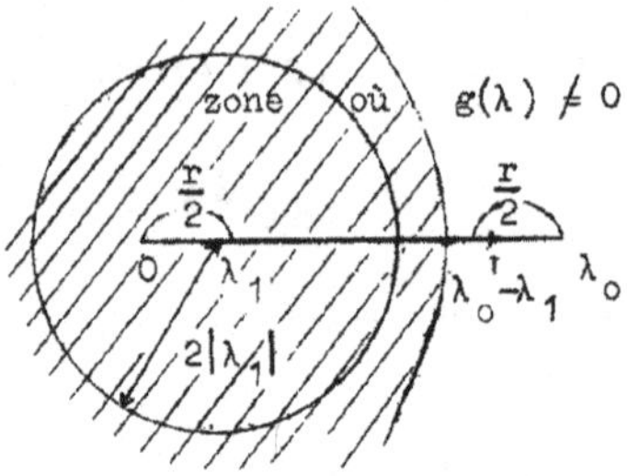

Notre théorème conduit à une démonstration simple du résultat suivant dû à M. Ehrenpreis [11] .

THEOREME D'EHRENPREIS. - Soit S une fonction entière sur $\mathbb{C}^n$, $n \ge 2$, telle qu'il existe des constantes a, b et C satisfaisant à

1°) $$\forall \xi \in \mathbb{R}^n , \sup_{\|\xi'\| \le a \text{ Log}(1 + \|\xi\|)} |S(\xi + \xi')| \ge (1 + \|\xi\|)^{-a}$$

2°) $\forall\ \zeta \in \mathbb{C}^n$, $|S(\zeta)| \leq C(1 + \|\zeta\|)^C \operatorname{Exp} C\, \|\operatorname{Im} \zeta\|$

3°) <u>Posant</u> $\zeta = (z, \tau)$, $z \in \mathbb{C}^{n-1}$, $\tau \in \mathbb{C}$; <u>on a</u>

$$S(z, \tau) = 0 \Longrightarrow |\operatorname{Im} \tau| \leq b(1 + \|\operatorname{Im} z\| + \operatorname{Log}(1 + \|z\| + \|\tau\|)$$

<u>Alors pour tout</u> $B > 4\,b$, <u>il existe une constante</u> A <u>telle que</u>

$$|S(z, \tau)| \geq \frac{1}{A}(1 + \|z\| + \|\tau\|)^{-A} \operatorname{Exp}(- A\, \|\operatorname{Im} z\|)$$

<u>pour tout</u> $(z, \tau) \in \mathbb{C}^n$ <u>satisfaisant à</u>

$$|\operatorname{Im} \tau| = B(1 + \|\operatorname{Im} z\| + \operatorname{Log}(1 + \|z\| + \|\tau\|)$$

<u>où</u> $\operatorname{Im} \zeta = (\operatorname{Im} \zeta_1, \ldots, \operatorname{Im} \zeta_n)$, Im = <u>partie imaginaire.</u>

<u>Démonstration</u>. Nous supposons $a \geq 1$, ce qui ne diminue pas la généralité.

De 1°) , on sait qu'à $(z, \tau) \in \mathbb{C}^n$, correspond $(x, t) \in \mathbb{R}^{n-1} \times \mathbb{R}$ tel que

(II.2.5) $\|Rz - x\| + |R\tau - t| \leq a \operatorname{Log}(1 + \|Rz\| + |R\tau|)$ où R = partie réelle

(II.2.6) $|S(x, t)| \geq (1 + \|Rz\| + |R\,\tau|)^{-a}$

Considérons alors la fonction entière d'une variable

$$\lambda \longmapsto g(\lambda) = S(z + \lambda(x - z)\ ,\ \tau + \lambda(t - \tau))$$

qui, nous l'admettons provisoirement, ne s'annule pas pour $|\lambda| \leq \frac{1}{4a}$.

Nous allons lui appliquer l'inégalité de notre théorème avec $\lambda_0 = 1$, $r = \frac{1}{6a}$ et $\eta = \frac{1}{96a}$. En effet, de (II.2.5) , on déduit

$$\|(1 - \lambda)(z,\tau) + \lambda(x,t)\| \leq (1 + |\lambda|)\|\zeta\| + |\lambda|(\|\zeta\| + a \operatorname{Log}(1 + \|Rz\| + |R\,\tau|)$$
$$\leq [1 + |\lambda|(2 + a)]\ \|\zeta\|$$

$$\|\operatorname{Im}[(1 - \lambda)(z,\tau) + \lambda(x,t)]\| \leq (1 + |\lambda|)\|\operatorname{Im} \zeta\| + |\lambda_2|\ a \operatorname{Log}(1 + \|Rz\| + |R\,\tau|)$$

Tenant compte de 2°) , on a , pour tout $|\lambda| \leq 3e$

$$|g(\lambda)| \leq C(1 + [3e(2 + a) + 1] \|\zeta\|)^C (\operatorname{Exp} C(1 + 3e) \|\operatorname{Im} \zeta\|)(1 + \|\zeta\|)^{3ea}$$

Donc, il existe bien une constante A , ne dépendant que de a et C et non de λ ni de ζ , telle que

$$\sup_{|\lambda| \leq 3e} |g(\lambda)|^{H(\eta) + 2} \leq A_1(1 + \|\zeta\|)^{A_1} \operatorname{Exp} A_1 \|\operatorname{Im} \zeta\|$$

Par suite, l'inégalité (II.2.1) donne

$$|S(z, \tau)| = |g(0)| \geq \frac{|g(1)|^{3(H(\eta) + 1)}}{\sup_{|\lambda| \leq 3e} |g(\lambda)|^{H(\eta)} \sup_{|\lambda| < \frac{1}{4a}} |g(\lambda)|^2}$$

$$\geq \frac{1}{A_1} (1 + \|\zeta\|)^{-A_1} (1 + \|Rz\| + |R\,\tau|)^{-a} \operatorname{Exp}(- A_1\|\operatorname{Im} \zeta\|)$$

pour tout (z, τ) tel que la fonction $g(\lambda)$ ne s'annule pas dans $|\lambda| \leq \frac{1}{4a}$.

Montrons que c'est le cas si (z, τ) vérifie

$$|\operatorname{Im} \tau| = B(1 + \|\operatorname{Im} z\| + \operatorname{Log} (1 + \|z\| + |\tau|)) , \quad \text{où } B > 4b .$$

Soient $\lambda = \lambda_1 + i\lambda_2$, λ_1 et $\lambda_2 \in \mathbb{R}$ et $Z = z + \lambda(x - z)$, $T = \tau + \lambda(t - \tau)$. Il vient, pour $|\lambda| \leq \frac{1}{4a} < \frac{1}{4}$

$$\text{(II.2.7)} \qquad \|\operatorname{Im} Z\| \leq (1 - \lambda_1) \|\operatorname{Im} z\| + |\lambda_2| \, |x - Rz|$$

$$\text{(II.2.8)} \qquad \operatorname{Im} T = (1 - \lambda_1) \operatorname{Im} \tau + \lambda_2(t - R\,\tau)$$

donc si

$$\operatorname{Im} \tau = - B(1 + \|\operatorname{Im} z\| + \operatorname{Log}(1 + \|z\| + \|\tau\|))$$

on déduit

$$\operatorname{Im} T \leq - B(1 - \lambda_1)(1 + \|\operatorname{Im} z\| + \operatorname{Log}(1 + \|z\| + \|\tau\|) + |\lambda_2| . |t - R\,\tau| .$$

Remarquons que $1 - \lambda_1 > 0$ et tenant compte de (II.2.5) et de (II.2.7) on a

(II.2.9) $\operatorname{Im} T \leq - B(\|\operatorname{Im} Z\| + (1 - \lambda_1) + (1 - \lambda_1 - a|\lambda_2|)\operatorname{Log}(1 + \|z\| + |\tau|))$

Mais

$$\|Z\| + |T| \leq (1 + 2 |\lambda|) |\zeta|$$

d'où

$$\operatorname{Log}(1 + \|Z\| + |T|) \leq \operatorname{Log}(1 + 2 |\lambda|)(1 + |\zeta|) \leq 2 |\lambda| + \operatorname{Log}(1 + \|z\| + |\tau|)$$

et (II.2.9) devient alors

$$\begin{aligned}\operatorname{Im} T &\leq - B(\|\operatorname{Im} Z\| + (1 - \lambda_1 - 2|\lambda|) + (1 - \lambda_1 - a|\lambda_2|)\operatorname{Log}(1 + |Z| + |T|)) \\ &\leq - B(\|\operatorname{Im} Z\| + \frac{1}{4} + \frac{1}{4}\operatorname{Log}(1 + \|Z\| + |T|) \\ &\leq - \frac{B}{4}(1 + \|\operatorname{Im} Z\| + \operatorname{Log}(1 + \|Z\| + |T|))\end{aligned}$$

Au cas où

$$\operatorname{Im} \tau = B(1 + \|\operatorname{Im} z\| + \operatorname{Log}(1 + \|z\| + |\tau|)$$

on fait les mêmes calculs et on obtient

$$\operatorname{Im} T \geq \frac{B}{4}(1 + \|\operatorname{Im} Z\| + \operatorname{Log}(1 + \|Z\| + |T|))$$

donc si $B > 4b$, de la condition 3°), on voit que $S(Z, T) \neq 0$, donc $g(\lambda) \neq 0$ pour tout $|\lambda| \leq \frac{1}{4a}$.

C.Q.F.D.

3. Module minimum des fonctions entières d'ordre presque inférieur à un

Soit f une fonction entière sur $\mathbb{C}^n$. On pose

$$M_f(r) = \sup_{\|z\| \leq r} \operatorname{Log} |f(z)|$$

Dans ce qui suit, on va considérer des fonctions d'ordre 1 de type zéro, telles qu'il existe une fonction croissante $M_1(r) \geq M_f(r)$ et une fonction $Q(r)$ définie pour $r \geq 0$, continue, croissante et différentiable vérifiant

(i) $Q(r) \leq r$ à partir d'un certain r et $Q(0) > 0$.

(ii) $r\,Q'(r) = O(Q(r))$

(iii) La fonction $r \longmapsto \dfrac{M_1(2r)}{Q(r)}$ est décroissante et telle que

$$\int_t^{\infty} \frac{M_1(2r)}{r\,Q(r)}\,dr = O\left(\frac{Q(t)}{t}\right)$$

(iv) $$\frac{Q(t)}{tM_1(t)}\ \mathrm{Exp}\ \frac{Q(t)}{M_1(t)} \geq 1$$

Une telle fonction f est appelée d'ordre presque inférieur à un.

<u>Exemple 1</u>.- Toute fonction f d'ordre $\rho < 1$ est d'ordre presque inférieur à un, à notre sens. On pourra prendre, en effet,

$$M_1(r) = M_f(1) + \left(\sup_{t > 1} \frac{M_f(t)}{t^{\rho + \varepsilon}}\right) r^{\rho+\varepsilon}$$

et $$Q(r) = r^{\rho+2\varepsilon}$$

avec $$0 < 2\,\varepsilon < 1 - \rho$$

<u>Exemple 2</u>.- Considérons la fonction d'une variable

$$u \longmapsto f(u) = \sum_{n \geq 2} \left(\frac{u}{n\,\mathrm{Log}^5 n}\right)^n$$

qui n'est pas d'ordre inférieur à un strictement mais presque inférieur à un avec $$M_1(r) = M_f(1) + \left(\sup_{t > 1} \frac{M_f(t)}{t}\,\mathrm{Log}^4 t\right) \frac{r}{\mathrm{Log}^4 r}$$

et $$Q(r) = \begin{cases} \dfrac{r}{\mathrm{Log}^2 r} & \text{pour } r \geq e^2 \\ e^2/4 & \text{pour } r < e^2 \end{cases}$$

Remarquons que la condition (iii) entraîne que $\frac{M_1(2t)}{Q(t)}$ tend vers zéro quand t tend vers l'infini. Il vient le

<u>THEOREME II.3.1</u>.- <u>Soit</u> f <u>une fonction entière d'ordre presque inférieur à un</u>, <u>il existe alors une constante</u> $K > 0$, <u>telle que</u>

$$\forall \; z \in \mathbb{C}^n \;, \quad \sup_{|\zeta| \leq K\, Q(2\|z\|)} \operatorname{Log} |f(z + \zeta)| \geq - K\, Q(2\|z\|)$$

où Q est la fonction intervenant dans la définition plus haute, et où le Sup peut être pris dans $\mathbb{R}^n$ si $z \in \mathbb{R}^n$.

<u>Démonstration</u>. Par une translation, on peut supposer que $f(0) \neq 0$. Considérant la fonction $z \longmapsto f(z)/f(0)$, on peut supposer que $f(0) = 1$. On définit alors la fonction d'une variable complexe $t \longmapsto f_z(t) = f(tz)$. On note par $(t_j(z))_{j \in N}$ les zéros de cette fonction rangés par ordre des modules croissants et par $n(r, z)$ le nombre des t_j qui vérifie $|t_j(z)| < r$. Il vient le

<u>LEMME II.3.2</u>.- <u>Il existe une constante</u> $A > 0$ <u>telle que</u>

(II.3.1) $$n(r, z) \leq A\, M_1(2\|z\|)$$

<u>pour tout</u> $r > 0$ <u>et tout</u> $z \in \mathbb{C}^n$.

<u>Démonstration</u>. La fonction $r \longmapsto n(r, z)$ est positive et croissante pour $r > 0$ par l'inégalité de la moyenne, on a donc

$$n(r, z) \operatorname{Log} 2 = n(r, z) \int_r^{2r} \frac{dt}{t} \leq \int_r^{2r} \frac{n(t, z)}{t}\, dt$$

L'égalité de Jensen donne

$$\int_0^r \frac{n(t, z)}{t}\, dt = \frac{1}{2\pi} \int_0^{2\pi} \operatorname{Log} |f_z(r\, e^{i\theta})|\, d\theta \leq M_1(r\|z\|)$$

d'où $$n(r, z) \leq \frac{1}{\operatorname{Log} 2} M_1(r\|z\|)$$

C.Q.F.D.

Pour toute fonction Q vérifiant les conditions (i), (ii) et (iii)

posons $\rho(t) = \dfrac{\operatorname{Log} Q(|t|)}{\operatorname{Log} |t|}$, on a le

<u>LEMME II.3.3.- Il existe une constante</u> $C > 0$ <u>telle que</u>

$$\text{(II.3.2)} \qquad \sum_{|t_j| > r} \left|\frac{r}{t_j(z)}\right|^{\rho(t_j)} < C\, Q(r) \quad \underline{\text{pour tout}}\ r > 0\ \underline{\text{et}}\ \|z\| = 1$$

<u>Démonstration</u>. En effet

$$\sum_{|t_j| > r} \left|\frac{r}{t_j(z)}\right|^{\rho(t_j)} \le \int_r^{\infty} \left(\frac{r}{t}\right)^{\rho(t)} d\, n(t, z) =$$

$$= \lim_{R \to +\infty} \left[\left(\frac{r^{\rho(t)}}{Q(t)}\, n(t, z) \right)_r^R - \int_r^R n(t, z) \frac{d}{dt}\left(\frac{r^{\rho(t)}}{Q(t)} \right) dt \right]$$

Comme $\rho(t) \le 1$, la condition (iii) et l'inégalité (II.3.1) donnent :

$$\lim_{R \to +\infty} \left[\left(\frac{r^{\rho(t)}}{Q(t)}\, n(t, z) \right)_{t = r}^{t = R} \right] = -\, n(r, z) \le 0$$

et l'intégrale peut s'écrire :

$$-\int_r^R n(t,z) \frac{d}{dt}\left(\frac{r^{\rho(t)}}{Q(t)}\right) dt = \int_r^R n(t,z) \frac{r^{\rho(t)}}{Q(t)} \left[\frac{Q'(t)}{Q(t)} - \operatorname{Log} r \left(\frac{Q'(t)}{Q(t) \operatorname{Log} t} - \frac{\rho(t)}{t \operatorname{Log} t} \right) \right] dt$$

Rappelons que $Q'(t) \ge 0$. Donc $\dfrac{Q'(t)}{Q(t)}\left(1 - \dfrac{\operatorname{Log} r}{\operatorname{Log} t}\right)$ est positif et

majoré par B/r où $B = \sup_r \dfrac{rQ'(r)}{Q(r)}$ qui existe d'après (ii) .

Tenant compte de (II.3.1) , cette dernière intégrale est majorée par

$$r \int_r^R A\, M\,(2t)\, \frac{B+1}{tQ(t)}\, dt$$

qui, joint à (iii), donne l'inégalité cherchée.

Prenant $r = 1$, le lemme 2 , donne la

<u>PROPOSITION II.3.4</u>.- <u>Pour toute fonction</u> Q <u>possédant les propriétés</u> (i), (ii) <u>et</u> (iii) <u>et</u> $\rho(t) = \dfrac{\operatorname{Log} Q(|t|)}{\operatorname{Log} |t|}$, <u>on a</u>

$$\sum_j \left|\frac{1}{t_j(z)}\right|^{\rho(t_j)} < +\infty$$

Revenons à la démonstration du théorème 3 . Nos hypothèses font que la fonction $t \longmapsto f_z(t)$ se met sous la forme

$$f_z(t) = \prod_j \left(1 - \frac{t}{t_j}\right)$$

d'un produit canonique. On va minorer chaque terme du facteur.

Supposons $\|z\| = 1$ et $|t| \geq t_o$. On répartit les t_j en trois groupes.

1er cas : $|t_j| \leq \frac{|t|}{2}$ implique $\left|1 - \frac{t}{t_j}\right| \geq 1$ d'où

$$|f_z(t)| \geq \prod_{|t_j| \geq |\frac{t}{2}|} \left|1 - \frac{t}{t_j}\right|$$

2ème cas : $|t_j| > 2\,|t|$, on a

$$\operatorname{Log}\left|1 - \frac{t}{t_j}\right| \geq -2\left|\frac{t}{t_j}\right| \geq -2\left|\frac{t}{t_j}\right|^{\rho(t_j)}$$

d'où du lemme 2 résulte

$$\sum_{|t_j| > 2|t|} \operatorname{Log}\left|1 - \frac{t}{t_j}\right| \geq (-2) \sum_{|t_j| > 2|t|} \left|\frac{t}{t_j}\right|^{\rho(t_j)} \geq -2\, C\, Q\,(2t)\,.$$

3ème cas : Soit $t \longmapsto A(t)$ une fonction décroissante positive et inférieure à un . Si $1 \leq |t_j| \leq 2|t|$ avec $|t_j - t| \geq |t_j| A(t_j)$ pour tout j , on a

$$\sum_{1 \leq |t_j| \leq 2|t|} \operatorname{Log}\left|1 - \frac{t}{t_j(z)}\right| \geq \sum_{1 \leq |t_j| \leq 2|t|} \operatorname{Log} A(t_j) \geq (\operatorname{Log} A(2t))n(2|t|,z)$$

Donc, si $|t| \geq t_o$ est tel que $|t - t_j| \geq |t_j| A(t_j)$ pour tous les t_j satisfaisant à $\frac{|t|}{2} \leq |t_j| \leq 2|t|$, on a

$$\operatorname{Log} |f_z(t)| \geq \left(\operatorname{Log} A(2t)\right) n\,(2\,|t|,\,z)$$

Rappelons que $\operatorname{Log} A(2t)$ est négative. De l'inégalité (II.3.1), on obtient

$$\text{(II.3.3)} \qquad \operatorname{Log} |f_z(t)| \geq \left(\operatorname{Log} A(2t)\right) M_1(4|t|)$$

Prenons $A(t) = \operatorname{Exp}\left(-\frac{Q(|t|)}{M_1(2|t|)}\right)$, qui est majoré par $\frac{Q(t)}{t\,M_1(t)}$ selon l'hypothèse, donc inférieur à un à partir d'un certain t_o . Notre démonstration s'achève en montrant qu'il existe une constante K telle que pour tout $|t| \geq t_o$, il existe t' avec

1°) $|t'| = |t|$ et $|t' - t| \leq K\,Q\,(2|t|)$

2°) $|t' - t_j| \geq |t_j| A(t_j)$ pour tout t_j satisfaisant à $\frac{|t|}{2} \leq |t_j| \leq 2|t|$

car de (II.3.3) , en prenant $K_1 = K + |t_o|/_{Q(0)}$, on tire

$$\forall t, \quad \sup_{|u| \leq KQ(2|t|)} \operatorname{Log}|f_z(t+u)| \geq \operatorname{Log}|f_z(t')|$$

$$\geq -Q(|t| - 2CQ(2|t|)) \geq -(2C+1)Q(2|t|)$$

Pour voir l'existence de t' , il suffit de remarquer que la somme des rayons des cercles centrés en t_j avec $\frac{|t|}{2} \leq t_j < 2\,|t|$ est

$$\sum_{j,\ \frac{|t|}{2} \leq t_j < 2|t|} |t_j|\ A(t_j) \leq 2\,|t|\ A\left(\frac{|t|}{2}\right) n\ (2\,|t|,\ z)$$

$$\leq \frac{4Q(2|t|)}{M_1(4|t|)}\ M_1(4\,|t|) = 4\ Q(2\,|t|)$$

donc, en prenant $K > 4$, on voit que parmi les t' vérifiant $|t'| = |t|$ et $|t' - t| \leq K\ Q\ (2\,|t|)$, il en existe un qui est hors des disques en question.

C.Q.F.D.

Dans le cas où, au lieu de (iv), on a la condition plus forte

(v) $$M_1(r)\ \mathrm{Log}\ r = O(Q(r))$$

(Les fonctions d'ordre inférieur à un possèdent cette propriété.) jointe aux faits, d'une part, que $\frac{M_1(2r)}{Q(r)}$ décroît et tend vers zéro et, d'autre part, que $Q(r) \leq r$ dès que r est assez grand. On a

$$\forall\ a > 0,\quad M_1(r)\ \mathrm{Log}\ M_1(a\ r) = O(Q(r))$$

d'où $$M_1(r)\ \mathrm{Log}(r\ M_1(a\ r)) = O(Q(r)) \quad .$$

Il vient alors le

<u>THEOREME II.3.5</u>.- <u>Soit</u> f <u>une fonction entière d'ordre presque inférieur à un</u>, <u>telle que les fonctions</u> M_1 <u>et</u> Q <u>satisfassent à</u> (v). <u>Alors pour toute constante</u> $a > 0$, <u>il existe des constantes</u> $K_1 > 0$ <u>et</u> $K_2 > 0$ <u>telles que</u>

$$\forall\ z \in \mathbb{C}^n \quad \sup_{|\zeta| \leq a} \mathrm{Log}\ |f(z + \zeta)| \geq -\ K_1\ Q(K_2\|z\|) \quad .$$

<u>Démonstration</u>. On prend pour $A(t)$ la fonction $A(t) = \frac{a}{1 + 8t\ M_1(8t)}$

on trouve alors

$$\sum_{j,\ \frac{|t|}{2} \leq |t_j| \leq 2|t|} |t_j|\,A(t_j) \leq 2|t|\,A\left(\frac{|t|}{2}\right) M_1(4|t|) \leq {}^a/_2$$

d'où le résultat.

C.Q.F.D.

DEUXIEME PARTIE : L'EQUATION DE CONVOLUTION

CHAPITRE III. L'INVERSIBILITE

§ 1.- Opérateur de convolution $\mathcal{D}'(M_{(p)})$-inversible

1. La convolution et les suites $M_{(p)}$-adaptées

Définition III.1-1. Une suite $k = (k_\ell)_{\ell \in \mathbb{N}}$ de nombres positifs tendant vers l'infini est dite $M_{(p)}$-adaptée, si pour tout $a \in \mathbb{R}$, tout $H > 0$, il existe un nombre $H' > 0$ et un compact $K \subset \mathbb{R}^n$ tels qu'on ait,

(III.1-1) $\quad \forall x \notin K, \quad M(Hx) - a \; M_k(x) \geq M(H'x)$

Rappelons qu'on a posé $M(x) = \text{Log} \sup\limits_{(p)} \dfrac{|x_1^{p_1} \ldots x_n^{p_n}|}{M_{(p)}}$

et $$M_k(x) = \text{Log} \sup_{(p)} \frac{|x_1^{p_1} \ldots x_n^{p_n}|}{k_{|p|}^{|p|} \, M_{(p)}}$$

Proposition III.1-1 : Soit $S \in \mathcal{E}'(M_{(p)})$, telle qu'il existe une suite $k = (k_\ell)_{\ell \in \mathbb{N}}$, $M_{(p)}$-adaptée et une constante $C > 0$ telles qu'on ait

(III.1-2) $\quad \forall z \in \mathbb{C}^n, \quad |\hat{S}(z)| \leq C \; \text{Exp} \; (M_k(z) + C \, \|\text{Im} \, z\|)$

Alors pour tout $\varphi \in \mathcal{D}(M_{(p)})$ (resp. $\varphi \in \mathcal{E}_0(M_{(p)})$), on a $S * \varphi \in \mathcal{D}(M_{(p)})$ (resp. $S * \varphi \in \mathcal{E}_0(M_{(p)})$) et l'application $\varphi \longmapsto S * \varphi$ est continue.

(Notons que dans le cas de $\mathcal{E}_0(M_{(p)})$, il suffit que la suite k soit $\mathcal{E}_0(M_{(p)})$-adaptée, cf. définition III.1-3, en bas)

<u>Démonstration</u> : Soit $\varphi \in \mathcal{D}(M_{(p)})$. D'après le théorème I.2-11, de Paley-Wiener, il existe des constantes positives A_o et B_o telles que

$$|\hat{\varphi}(z)| \leq A_o \text{ Exp } (B_o\|\text{Im } z\| - M(B_o z))$$

donc

$$|(\widehat{S * \varphi})(z)| = |\hat{S}(z).\ \hat{\varphi}(z)| \leq A_o C \ \text{ Exp}((B_o + C)\|\text{Im } z\| + M_k(z) - M(B_o z))$$

Il existe alors une constante H et un compact $K \subset R^n$, tels que si $z \in C^n$ avec $(|z_1|,\dots,|z_n|) \notin K$, on a

$$|(\widehat{S * \varphi})(z)| \leq A_o C \ \text{ Exp } ((B_o + C)\|\text{Im } z\| - M(Hz)).$$

Soit

$$|(\widehat{S * \varphi})(z)| \leq A_1 \text{ Exp } (B_1\|\text{Im } z\| - M(B_1 z)), \quad \forall\, z \in \mathbb{C}^n$$

avec

$$B_1 = \text{Max } (B_o + C, H) \quad \text{et}$$

$$A_1 = A_o C \Big(\sup_{z,(|z_1|,\dots|z_n|)\in K} \text{Exp}[(B_o+C)\|\text{Im } z\| + M_k(z) - M(B_o z)] \Big)$$

Ce qui prouve, d'après le théorème de Paley-Wiener que $S * \varphi \in \mathcal{D}(M_{(p)})$

La continuité de l'application $\varphi \longmapsto S * \varphi$ résulte du théorème du graphe fermé. (Démonstration analogue pour $\mathcal{E}_o(M_{(p)})$)

<u>Définition II.1-2. Nous disons que</u> $S \in \mathcal{E}'(M_{(p)})$ <u>opère sur</u> $\mathcal{D}(M_{(p)})$ <u>ou sur</u> $\mathcal{D}'(M_{(p)})$, <u>si l'hypothèse de la proposition</u> III.1-1 <u>est remplie</u>.

Soient $N_{(p)}$ et $M_{(p)}$ deux suites de M avec $N_{(p)} \prec M_{(p)}$ c'est-à-dire selon la définition I.2-1, telles que

$$\lim_{|p| \to +\infty} \left(\frac{M_{(p)}}{N_{(p)}} \right)^{\frac{1}{|p|}} = +\infty$$

Alors toute ultradistribution S opérant sur $\mathcal{D}(M_{(p)})$ opère sur $\mathcal{D}(N_{(p)})$. En effet si une suite $k = (k_\ell)_{\ell \in \mathbb{N}}$ est $M_{(p)}$-adaptée, on vérifie que la suite

$$h_\ell = k_\ell \left(\sup_{|p| = \ell} \frac{M_{(p)}}{N_{(p)}} \right)^{1/\ell}$$

est $N_{(p)}$-adaptée.

Théorème III.1-2. Pour toute suite $M_{(p)} \in \mathcal{M}$ donnée, il existe une suite $N_{(p)} \leq M_{(p)}$ telle que toute $S \in \mathcal{E}'(M_{(p)})$ opère sur $\mathcal{D}(N_{(p)})$.

Nous posons la

Définition III.1-3. Une suite $N_{(p)} \in \mathcal{M}$ est dite "très régulière", si toute suite tendant vers l'infini est $N_{(p)}$- adaptée.

Le théorème III.1-2 résulte de la

Proposition III.1-3 : Pour toute suite $M_{(p)} \in \mathcal{M}$, il existe une suite très régulière $N_{(p)} \in \mathcal{M}$ telle que $N_{(p)} \prec M_{(p)}$

Démonstration : Nous allons construire une suite $N_{(p)} \in \mathcal{M}$ telle que

(i) $N_{(p)} = N_{(q)}$ si $|p| = |q|$. Nous écrirons N_ℓ pour $N_{(p)}$, $|p| = \ell$

(ii) $N_{(p)} \prec M_{(p)}$

(iii) Posant $n_\ell = \dfrac{N_\ell}{N_{\ell-1}}$ alors $\dfrac{n_\ell}{n_{2\ell}} \geq \dfrac{1}{2}$ pour tout $\ell \in \mathbb{N}$

Construction de la suite $(N_\ell)_{\ell \in \mathbb{N}}$. Soit $\overline{M}_\ell$ la suite régularisée de

$$M_\ell = \inf_{|p| = \ell} M_{(p)} \text{ et soit } m = \frac{\overline{M}_\ell}{\overline{M}_{\ell-1}} . \text{ On a}$$

$$\sum_{\ell=1}^{\infty} \frac{1}{m_\ell} < +\infty$$

puisque la suite $M_{(p)}$ est non-quasi-analytique. Il existe donc une suite croissante d'entiers $d_\ell > 0$ tendant vers l'infini, telle que

$$\sum_{\ell=1}^{\infty} \frac{d_\ell}{m_\ell} < +\infty$$

Posons $n'_j = m_\ell$ si $\sum_{i=1}^{\ell-1} d_i < j \leq \sum_{i=1}^{\ell} d_i$. Ceci entraîne $j \geq \ell$. Posons enfin $n_1 = n'_1$, $n_2 = \inf(n'_2, 2n_1)$ et de proche en proche $n_\ell = \inf(n'_\ell, 2n_{[\frac{\ell}{2}]})$ où $[\frac{\ell}{2}]$ désigne la partie entière de $\frac{\ell}{2}$.

On a alors

$$\sum_{\ell=1}^{\infty} \frac{1}{n_\ell} \leq \sum_j \left(\frac{1}{n'_j} \left(\sum_{k=0}^{\infty} \frac{1}{2^k} \right)\right) \leq 2 \sum_{\ell=1}^{\infty} \frac{d_\ell}{m_\ell} < +\infty$$

Ce qui montre que la suite $N_\ell = n_1 \ldots n_2$, qui vérifie visiblement (i) (ii) et (iii), est non quasi-analytique. De l'inégalité $m_\ell \leq m_{\ell+1}$ qui résulte de la convexité de la suite $\overline{M}_\ell$, on voit que n'_ℓ est croissante en ℓ, donc n_ℓ est aussi croissante en ℓ, ce qui prouve que $N_{(p)}$ est logarithmiquement convexe. Enfin $M_{(p)}$ étant dérivable, il existe une constante $H \geq 1$ telle que pour tout ℓ, $m_\ell \leq H^\ell$. Il en résulte donc $n_j \leq n'_j = m_{\ell(j)} \leq H^\ell \leq H^j$ puisque $j \geq \ell$. Ce qui prouve que $N_{(p)}$ est multipliable et dérivable, donc $N_{(p)} \in \mathcal{M}$. Dès lors, la proposition résulte du

Lemme III.1-4. Soit $(N_\ell)_{\ell \in \mathbb{N}}$ une suite simple appartenant à $\mathcal{M}$ telle que $\lim \frac{n_\ell}{n_{2\ell}} > 0$, où on a posé $n_\ell = \frac{N_\ell}{N_{\ell-1}}$, alors la suite $N_{(p)}$ définie par $N_{(p)} = N_{|p|}$ est très régulière.

Démonstration : Soit $\alpha > 0$ tel que $\frac{1}{\alpha} < \frac{n_\ell}{n_{2\ell}}$ pour tout ℓ. On a alors, de la croissance de la suite n_ℓ, l'inégalité

$$\left(\frac{x^k}{n_1 \ldots n_k}\right)^2 = \frac{x^{2k}}{n_1^2 \ldots n_k^2} \leq \frac{(\alpha x)^{2k}}{n_2^2 n_4^2 \ldots n_{2k}^2} \leq \frac{(\alpha x)^{2k}}{n_1 n_2 \ldots n_{2k}}$$

Passant à la borne supérieure en k et prenant le logarithme, on obtient

$$2\,N(x) \leq N(\alpha x)$$

Et en itérant, il vient

$$2^j\,N(x) \leq N(\alpha^j x) \qquad \text{(III.1-3)}$$

Soit alors $k = (k_\ell)_{\ell\in\mathbb{N}}$ une suite tendant vers l'infini et soient a et H deux nombres positifs donnés. Il s'agit de trouver $H' > 0$ en sorte qu'on ait l'inégalité (III.1-1). Considérons, pour cela, un entier j assez grand pour que $a + 1 \leq 2^j$. De l'inégalité (III.1-3), on tire

$$N(x) \leq N(\alpha^j x) - a\,N(x)$$

$$N(\frac{H}{\alpha^j}\,x) \leq N(Hx) - a\;N(\frac{H}{\alpha^j}\,x)$$

Or, puisque k_ℓ tend vers l'infini avec ℓ, $M_k(x) \leq N\,(\frac{H}{\alpha^j}\,x)$ dès que $\|x\|$ est assez grand, d'où

$$N(H'x) \leq N(Hx) - a\,N_k(x)$$

avec $H' = \frac{H}{\alpha^j}$, ce qui achève la démonstration du lemme et de la proposition.

c.q.f.d.

Posons $$L_q^\alpha(\ell) = \begin{cases} 1 & \text{si } \ell < j_o \\ \prod_{j=j_o}^{\ell} [\,(\log j)(\log_2 j)\,\ldots\,(\log_q j)^\alpha] & \text{si } \ell \geq j_o \end{cases}$$

où j_o est un entier fixé, choisi de sorte que

$$\operatorname{Log}_q j_o = \underbrace{\operatorname{Log}\,(\operatorname{Log}\,(\ldots(\operatorname{Log}\,j_o))}_{q \text{ fois}} > 0$$

En corollaire du lemme (III.1-4), on a

<u>Proposition III.1-5 : Les suites</u> $M_{(p)} = (|p|!)^\alpha$ et $N_{(p)} = |p|!\;L_q^\alpha\,(|p|)$ <u>pour</u> $\alpha > 1$ <u>sont très régulières</u>.

Donc, toute ultradistribution de Gevrey de type $\alpha > 1$ $S \in \mathcal{E}'[(p!)^{\alpha}]$ et à support compact, opère sur tout espace $\mathcal{D}'[(|p|!)^{\beta}]$ des ultradistributions de Gevrey de type $\beta > 1$, pourvu que $\beta < \alpha$.

Définition III.1-3. Une suite $h = (h_{\ell})_{\ell \in \mathbb{N}}$ est dite $\mathcal{D}'(M_{(p)})$-adaptée (resp $\mathcal{E}_{o}(M_{(p)})$-adaptée) si pour tout $A > 0$ et toute suite $\beta = (\beta_{\ell})_{\ell \in \mathbb{N}}$ tendant vers l'infini (resp. tout $A > 0$ et tout $H > 0$) il existe une suite $\gamma = (\gamma_{\ell})_{\ell \in \mathbb{N}}$ tendant vers l'infini (resp. une constante $H' > 0$) telle que

$$A\, M_h(x) + M_{\beta}(x) \leq M_{\gamma}(x)$$

$$(\text{resp.} \quad A\, M_h(x) + M(Hx) \leq M(H'x) \;)$$

Remarquons qu'une suite $\mathcal{D}'(M_{(p)})$-adaptée tend vers l'infini, tandis qu'une suite $\mathcal{E}_{o}(M_{(p)})$-adaptée peut être bornée. De façon précise, on a

Proposition III.1-6 :

(i) Pour q'une suite $h = (h_{\ell})_{\ell \in \mathbb{N}}$ soit $M_{(p)}$-adaptée, il faut et il suffit qu'elle soit $\mathcal{E}_{o}(M_{(p)})$-adaptée et que la constante $H'(H,a)$ puisse être choisie de manière qu'elle tende vers zéro avec H.

(ii) Sous ces conditions h est alors $\mathcal{D}'(M_{(p)})$-adaptée.

Démonstration : Partie (i) : La condition est nécessaire. La condition (III.1-1) s'écrit $\forall\, H_1 > 0$, $\exists\, H_1' > 0$ telle que

$$M(H_1 x) - a\, M_h(x) \geq M(H_1' x)$$

La fonction $x \longmapsto M(x)$ étant croissante sur chaque demi-droite issue de l'origine, si $H \leq H_1'$ et $H_1 = H'$ effectuant le changement de notation, on a $\forall\, H_1 > 0$, $\exists\, H_1' > 0$ telle que $H < H_1'$ entraîne

$$M(Hx) + a\, M_h(x) \leq M(H'x)$$

C'est-à-dire : si $L = \inf K$, les K tels que $M(Kx) \geq M(Hx) + a\, M_h(x)$, L tend vers zéro, lorsque H tend vers zéro.

Pour la suffisance, on choisit H_j et H'_j deux suites positives tendant vers zéro, telles que, pour tout j, on ait

$$M(H_j x) + a\, M_h(x) \leq M(H'_j x)$$

Donc, si $H > 0$ est donné, il existe une constante $H'_j \leq H$. On voit alors, posant $H' = H_j$, que la suite h est $M_{(p)}$-adaptée.

Partie (ii) : Soit $\beta = (\beta_\ell)_{\ell \in \mathbb{N}}$ une suite tendant vers l'infini ; il s'agit de construire $\gamma = (\gamma_\ell)_{\ell \in \mathbb{N}}$. Pour cela, posons $H_j = \frac{1}{\beta_j}$. La suite H_j tend vers zéro lorsque j tend vers l'infini. Soit H'_j la suite tendant vers zéro, associée à H_j. La suite $\gamma_j = \frac{1}{H'_j}$ répondra alors à notre question

c.q.f.d.

2. Caractérisation des opérateurs $\mathcal{D}'(M_{(p)})$-inversibles (conditions suffisantes)

Nous supposons dans ce n° que la suite $M_{(p)}$ de $\mathcal{M}$ satisfait en outre aux conditions suivantes de "sphéricité"

(S_1) Il existe des constantes C_1 et C_2 positives telles que

$$\forall x \in \mathbb{R}^n, \quad \sup_{z, \|z\| \leq M(x)} \operatorname{Exp} M(x+z) \leq C_1 \operatorname{Exp} M(C_2 x) .$$

(S_2) Pour toute suite de nombres positifs tendant vers l'infini, $\gamma = (\gamma_\ell)_{\ell \in \mathbb{N}}$, il existe des constantes C'_1 et C'_2 telles que

$$\forall x \in \mathbb{R}^n, \quad \sup_{z, \|z\| \leq M(x)} \operatorname{Exp} M_\gamma(x+z) \leq C'_1 \operatorname{Exp} M_\gamma(C'_2 x)$$

Notons que ces conditions sont équivalentes aux conditions

(S'_1) Il existe des constantes A_1 et A_2 telles que

$$\forall x \in \mathbb{R}^n, \quad \inf_{z, \|z\| \leq M(x)} \operatorname{Exp} M(x+z) \geq A_1 \operatorname{Exp} M(A_2 x)$$

(S'_2) Pour toute suite de nombres positifs tendant vers l'infini $\gamma = (\gamma_\ell)_{\ell \in \mathbb{N}}$, il existe des constantes A'_1 et A'_2 telles que

$$\forall x \in \mathbb{R}^n, \quad \inf_{z, \|z\| \in M(x)} \operatorname{Exp} M_\gamma(x+z) \geq A'_1 \operatorname{Exp} M(A'_2 x) .$$

Notons encore que si $M_{(p)}$ est définie à partir d'une suite simple i.e. $M_{(p)} = M_{(q)}$ si $|p| = |q|$, on a alors

$$M_\gamma(x) = \operatorname{Log} \sup_{(p)} \frac{|x_1^{p_1} \ldots x_n^{p_n}|}{\gamma_{|p|}^{|p|} M_{(p)}} = \operatorname{Log} \sup_{(p)} \frac{(\operatorname{Max}_j |x_j|)^{|p|}}{\gamma_{|p|}^{|p|} M_{(p)}}$$

d'où $\quad M_\gamma\left(\frac{\|x\|}{n}, \ldots, \frac{\|x\|}{n}\right) \leq M_\gamma(x) \leq M_\gamma(\|x\|, \ldots, \|x\|)$

Soit $\quad \sup_{z, \|z\| \leq \|x\|} M_\gamma(x+z) \leq \sup_{z, \|z\| \leq \|x\|} M_\gamma(\|x+z\|, \ldots, \|x+z\|) \leq$

$$\leq M_\gamma(2\|x\|, \ldots, 2\|x\|) \leq M_\gamma(2n\, x)$$

Comme $\lim_{\|x\| \to +\infty} \frac{M(x)}{\|x\|} = 0$, la suite $M_{(p)}$ possède donc <u>a fortiori</u> les propriétés (S_j).

Soit $S \in \mathcal{E}'(M_{(p)})$, opérant sur $\mathcal{D}'(M_{(p)})$ et soient Ω_1 et Ω_2 deux ouverts de $\mathbb{R}^n$, tels que

$$\Omega_2 + \text{support de } S \subset \Omega_1$$

Nous disons, selon Hörmander (qui a introduit cette définition dans le cas des distributions), que le couple (Ω_1, Ω_2) est S-convexe, si pour tout ouvert U_1 relativement compact dans Ω_1, il existe un ouvert U_2 relativement compact dans Ω_2 tel que toute $\varphi \in \mathcal{D}(M_{(p)}, \Omega_2)$ satisfaisant à $S * \varphi \in \mathcal{E}'(M_{(p)}, U_1)$ est en fait un élément de $\mathcal{D}(M_{(p)}, U_2)$. Il vient :

Théorème III.1-7. Supposons qu'il existe une suite $h = (h_\ell)_{\ell \in \mathbb{N}}$, $\mathcal{D}'(M_{(p)})$ adaptée (resp. $\mathcal{E}_o(M_{(p)})$-adaptée) et une constante $C > 0$ telle que

$$\text{(III.1-4)} \quad \forall\ x \in \mathbb{R}^n, \quad \sup_{\|z\| \leq M_h(x)} |\hat{S}(x+z)| \geq C \operatorname{Exp}(-M_h(x))$$

alors pour tout couple d'ouverts (Ω_1, Ω_2) S-convexe, on a

$$\check{S}^*(\mathcal{D}'(M_{(p)}, \Omega_1)) = \mathcal{D}'(M_{(p)}, \Omega_2) \quad (\text{resp. } \check{S}^*(\mathcal{E}_o(M_{(p)}, \Omega_1)) = \mathcal{E}_o(M_{(p)}, \Omega_2))$$

Démonstration : Nous faisons seulement la preuve pour $\mathcal{D}'(M_{(p)})$. Pour le cas de $\mathcal{E}_o(M_{(p)})$, dans une situation générale, voir le théorème III.4-1. On peut aussi traiter ce cas de façon analogue au cas de $\mathcal{D}'(M_{(p)})$.

Les espaces $\mathcal{D}(M_{(p)}, \Omega)$ étant des Frochet-Schwartz, il nous suffit donc de montrer que l'application $\varphi \longmapsto S * \varphi$ est injective et a une image fermée pour les suites. L'injectivité se voit par la transformation de Fourier En effet, $S * \varphi = 0$ équivaut à $\hat{S}.\ \hat{\varphi} = 0$. Mais les fonctions $\hat{S}$ et $\hat{\varphi}$ sont entières. Donc, $\hat{S}$ étant différent de zéro $\hat{\varphi} = 0$ d'où $\varphi = 0$.
Montrons que l'image est fermée pour les suites. Considérons une suite $\varphi_\ell \in \mathcal{D}(M_{(p)}, \Omega_2)$ telle que $S * \varphi_\ell$ converge dans $\mathcal{D}(M_{(p)}, \Omega_1)$. Elle converge donc dans un $\mathcal{D}(M_{(p)}, U_1, H)$ où U_1 est relativement compact dans Ω_1. Donc, pour tout $\epsilon > 0$, il existe un entier ℓ_o, tel que si $s > \ell_o$ et $\ell > \ell_o$, on a

$$\sup_{x \in \mathbb{R}^n} \left(\sup_{(p)} \left| \frac{D^{(p)}[(S * \varphi_s)(x) - (S * \varphi_\ell)(x)]}{H^{|p|}\ M_{(p)}} \right| \right) \leq \epsilon$$

Par transformation de Fourier et en posant $f_{s,\ell} = \hat{\varphi}_s - \hat{\varphi}_\ell$, $A = \int_{U_1} dx$

et $d = \underset{x \in U_1}{\text{Max}} \|x\|$, il vient

$$|\hat{S}(z)\, f_{s,\ell}(z)| \leq \varepsilon\, A\, \text{Exp}(-M\,(\tfrac{z}{H}) + d\, \|\text{Im } z\|)$$

donc, pour tout $x \in \mathbb{R}^n$,

$$\sup_{\|z\| \leq 3M_h(x)} |\hat{S}(x+z) f_{s,\ell}(x+z)| \leq \varepsilon\, A\, \text{Exp}(3d\, M_h(x)) . \sup_{\|z\| \leq 3M_h(x)} (\text{Exp}\,(-M\,(\tfrac{x+z}{H})))$$

Soit, en tenant compte de la condition de sphéricité .

$$\text{(III.1-5)} \quad \sup_{\|z\| \leq 3M_h(x)} |\hat{S}(x+z) f_{s,\ell}(x+z)| \leq \varepsilon\, A\, C_1\, \text{Exp}(3d\, M_h(x) - M\,(\tfrac{x}{C_2 H})) .$$

Mais S opère sur $\mathcal{D}(M_{(p)})$, donc par (III.1-2)

$$|\hat{S}(z)| \leq H_1\, \text{Exp}\,(M_k(z) + k_o\, \|\text{Im } z\|)$$

d'où, pour tout $x \in \mathbb{R}^n$,

$$\sup_{\|z\| \leq 3M_h(x)} |\hat{S}(x+z)| \leq H_1\, \text{Exp}(3k_o M_h(x)) \sup_{\|z\| \leq 3M_h(x)} (\text{Exp}\, M_k(x+z))$$

Soit, tenant compte de la condition (S)

$$\text{(III.1-6)} \quad \sup_{\|z\| \leq 3M_h(x)} |\hat{S}(x+z)| \leq H_1\, C_1''\, \text{Exp}(3k_o\, M_h(x) + M_k(C_2'' x))$$

Tout ceci joint à l'hypothèse (III.1-4)

$$\forall\, x \in \mathbb{R}^n , \quad \sup_{\|z\| \leq M_h(x)} |\hat{S}(x+z)| \geq C\, \text{Exp}\,(-M_h(x))$$

Appliquons le théorème (II.1-2) de division avec $r(x) = M_h(x)$, on a :

$$\forall\, x \in \mathbb{R}^n,\ |f_{s,\ell}(x)| = \left| (\hat{S}.f_{s,\ell})(x) / \hat{S}(x) \right| \leq$$

$$\leq \sup_{\|z\| \leq 3M_h(x)} |(\hat{S}\, f_{s,\ell})(x+z)| \sup_{\|z\| \leq 3M_h(x)} |\hat{S}(x+z)| \Big/ \sup_{\|z\| \leq M_h(x)} |\hat{S}(x+z)|^2$$

Les deux premièrs termes sont estimés par : (III.1-5) et (III.1-6) et le dernier terme est minorée par (III.1-4), ce qui donne

(III.1-7) $|f_{s,\ell}(x)| \leq \varepsilon\ A_1\ \text{Exp}\ [A_2\ M_h(x) + M_k(C_2''\ x) - M\ (\frac{x}{C_2 H})]$

où $A_1 = \dfrac{A\ H_1 C_1' C_1}{C^2}$ et $A_2 = 2+3k_o+3d$.

Les suites $h = (h_\ell)_{\ell\in\mathbb{N}}$ et $k = (k_\ell)_{\ell\in\mathbb{N}}$ sont $\mathcal{D}'(M_{(p)})$-adaptées. Donc si $(\gamma_\ell)_{\ell\in\mathbb{N}}$ est une suite tendant vers l'infini, il existe une suite $(\alpha_\ell)_{\ell\in\mathbb{N}}$ tendant vers l'infini telle que

$$A_2 M_h(x) + M_k(C_2''\ x) + M_\gamma(x) \leq M_\alpha(x)$$

D'où, de (III.1-7)

$$|f_{s,\ell}(x)| \leq \varepsilon\ B_1\ \text{Exp}\ (-M_\gamma(x))$$

avec

$$B_1 = A_1 \quad \sup_{x \in \mathbb{R}^n} (\text{Exp}\ (M_\alpha(x) - M\ (\frac{x}{C_2 H}))) < +\infty$$

car $M_\alpha(x) - M\ (\frac{x}{C_2 H})$ tend vers zéro quand $\|x\|$ tend vers l'infini. Ceci montre que l suite φ_ℓ forme une suite de Cauchy dans $\mathcal{D}(\gamma\frac{|p|}{|p|} M_{(p)}\ ,\ U_2)$. La suite φ_ℓ converge donc vers un $\varphi \in \mathcal{D}\ (\gamma\frac{|p|}{|p|}\ M_{(p)}\ ,\ U_2)$, ceci, pour toute γ_ℓ tendant vers l'infini. Donc $\varphi \in \mathcal{D}\ (M_{(p)},\ U_2)$ d'après la proposition (I.2-6)

c.q.f.d.

<u>Définition III.1-4</u> : <u>Une ultradistribution à support compact</u> $S \in \mathcal{E}'(M_{(p)})$ <u>est dite</u> $\mathcal{D}'(M_{(p)})$ <u>inversible si</u> S <u>opère sur</u> $\mathcal{D}'(M_{(p)})$ <u>et satisfait à l'estimation</u> (III.1-4).

<u>Corollaire III.1-8 : Si</u> $S \in \mathcal{E}'(M_{(p)})$ <u>vérifie</u> (III.1-4), <u>alors pour toute</u> $\varphi \in \mathcal{D}(M_{(p)})$, <u>l'ultradistribution</u> $S + \varphi$ <u>applique surjectivement (par convolution)</u> $\mathcal{D}'(M_{(p)}, \Omega_1)$ <u>sur</u> $\mathcal{D}'(M_{(p)}, \Omega_2)$, <u>pourvu que</u> (Ω_1, Ω_2) <u>soit S-convexe. Il en est de même pour</u> φS <u>si</u> φ <u>est identique à un sur le support</u> $M_{(p)}$<u>-singulier de</u> S

<u>Démonstration :</u> En effet $\varphi \in \mathcal{D}(M_{(p)})$ implique qu'il existe des constantes A_o et B_o telles que

$$\forall x \in \mathbb{R}^n \qquad |\hat{\varphi}(x)| \leq A_o \ \mathrm{Exp}\ (-M(B_o x))$$

d'où, tenant compte de la condition (S)

$$\sup_{\|y\| \leq M_h(x)} |\hat{\varphi}(x+z)| \leq A_o C_1 \ \mathrm{Exp}\ \left(-M\left(\frac{B_o x}{C_2}\right)\right)$$

Il en résulte, tenant compte de III.1-4.

$$\sup_{\|y\| \leq M_h(x)} |(\hat{S} + \hat{\varphi})(x+y)| \geq \sup_{\|y\| \leq M_h(x)} |\hat{S}(x+y)| - \sup_{\|y\| \leq M_h(x)} |\hat{\varphi}(x+y)| \geq$$

$$\geq [\mathrm{Exp}(-M_h(x)] \ [C - A_o \ C_1 \ \mathrm{Exp}(M_h(x) - M(\frac{B_o x}{C_2}))]$$

mais la suite h_ℓ est $M_{(p)}$-adaptée, en particulier, elle tend vers l'infini, donc $\mathrm{Exp}(M_h(x) - M(\frac{B_o x}{C_2}))$ tend vers zéro quand $\|x\|$ tend vers l'infini.
On a alors pour tout x hors d'un compact

$$\sup_{\|y\| \leq M_h(x)} |(S + \varphi)^\wedge(x+y)| \geq \frac{C}{2} \ \mathrm{Exp}\ (-M_h(x))$$

Modifiant la constante C, on voit que $(S + \varphi)^\wedge$ vérifie une inégalité de type (III.1-4) pour tout $x \in \mathbb{R}^n$. Pour la seconde partie, on écrit $\varphi S = S + (\varphi-1)S$. D'après nos hypothèses, on a $(\varphi-1)S \in \mathcal{D}(M_{(p)})$ et le résultat suit de la première partie.

c.q.f.d.

Corollaire III.1-9 : Soit $S \in \mathcal{E}'$ telle que $S^*(\mathcal{D}') = \mathcal{D}'$. Alors $S^*(\mathcal{D}'(M_{(p)}, \Omega_1)) = \mathcal{D}'(M_{(p)}, \Omega_2)$.

Démonstration : On sait, en effet (cf. [10] et [17]) qu'il existe des constantes A_1 et A_2 telles que

$$\forall\, x \in \mathbb{R}^n, \quad \sup_{\|y\| \leq A_1 \log(1+\|x\|)} |\hat{S}(x+y)| \geq \frac{1}{A_2}(1+\|x\|)^{-A_2}$$

On a donc, a fortiori (III.1-4)

(ce corollaire est également prouvé par M. Schapira [31])

3. Caractérisation des opérateurs $\mathcal{D}'(M_{(p)})$-inversibles (suite)

Nous revenons au cas général. Nous n'imposons plus la condition de "sphéricité (S)" à la suite $M_{(p)}$, mais seulement $M_{(p)} \in \mathcal{M}$.

Lemme III.1-10. Soit $M_{(p)} \in \mathcal{M}$. Alors pour tout $a > 0$, il existe un nombre $b > 0$, tel que pour tout $x = (x_1,\ldots,x_n) \in \mathbb{R}^n$, $|x_1| \leq a$, on a

$$\text{(III.1-8)} \qquad b\ \operatorname{Exp}(M(bx_1,\ldots, bx_1)) \leq \operatorname{Exp}(M(0,x_2,\ldots,x_n))$$

Démonstration : Comme $M_{(p)} \in \mathcal{M}$, il existe (condition (C)i du chapitre I § 1, n° 1) des constantes A et H positives telles que

$$\forall\,(p) = (p_1,\ldots p_n) \in \mathbb{N}^n, \quad M_{(p_1,0,\ldots,0)}\, M_{(0,p_2,\ldots,p_n)} \leq A\, H^{|p|} M_{(p)}$$

D'où

$$\forall\, x \in \mathbb{R}^n \quad \left| \frac{x_1^{p_1}\cdots x_n^{p_n}}{H^{|p|}\, M_{(p)}} \right| \leq A\, \frac{|x_1^{p_1}|}{M_{(p_1,0,\ldots,0)}}\ \frac{|x_2^{p_2}\cdots x_n^{p_n}|}{M_{(0,p_2,\ldots,p_n)}}$$

En prenant la borne supérieure (par rapport à (p)), il vient

$$\operatorname{Exp}\ M(\tfrac{x}{H}) \leq A.\ \operatorname{Exp}\ M((0,x_2,\ldots,x_n)).\ \operatorname{Exp}\ M((x_1,0,\ldots,0))$$

d'où le lemme avec

$$b = \inf \left(\frac{1}{A \operatorname{Exp} M(a,0,\dots,0)} , \frac{1}{H} \right)$$

c.q.f.d.

Soit $M_{(p)} \in \mathcal{M}$ et soit $h = (h_\ell)_{\ell \in \mathbb{N}}$. Pour tout $z = (z_1, \dots z_n) \in \mathbb{C}^n$ posons

$$M_j(z) = \operatorname{Log} \sup_{(p_1 \dots p_n)} \frac{|z_j^{p_j}|}{M_{(p_1,\dots,p_n)}}$$

et

$$M_{h,j}(z) = \operatorname{Log} \sup_{(p)} \frac{|z_j^{p_j}|}{h_{|p|}^{|p|} M_{(p)}}$$

On a évidemment $M_j(z) \leq M(z)$ et $M_{h,j}(z) \leq M_h(z)$. Posons encore

$$r(z) = (M_{h,1}(z), \dots, M_{h,n}(z)) \in \mathbb{R}^n$$

Nous écrivons $(z) \leq r(x)$ pour $|z_j| \leq M_{h,j}(x)$, $j = 1,\dots,n$. Il vient

Théorème III.1-11 : Soit S une ultradistribution à support compact opérant sur $\mathcal{D}'(M_{(p)})$ telle qu'il existe une suite $h = (h_\ell)_{\ell \in \mathbb{N}}$ $\mathcal{D}'(M_{(p)})$-adaptée (resp. $\mathcal{E}_o(M_{(p)})$-adaptée) et une constante $C > 0$ telles que, pour tout $x \in \mathbb{R}^n$

(III.1-9) $$\sup_{(z) \leq r(x)} |\hat{S}(x+z)| \geq C \operatorname{Exp}(-M_h(x))$$

alors, pour tout couple d'ouverts (Ω_1, Ω_2) S-convexe, on a $S^*(\mathcal{D}'(M_{(p)}, \Omega_1)) = \mathcal{D}'(M_{(p)}, \Omega_2)$ (resp. $S^*(\mathcal{E}_o(M_{(p)}, \Omega_1)) = \mathcal{E}_o(M_{(p)}, \Omega_2)$).

Démonstration : Pour simplifier l'écriture, nous faisons la preuve pour $n = 2$ et nous adaptons les mêmes notations que le n° précédent. Il agit d'obtenir les estimations (III.1-5) et (III.1-6) qui permettent d'aboutir aux résultats cherchés en faisant le même calcul. De $|\frac{M_j(x)}{x_j}| \to 0$ lorsque $|x_j| \to +\infty$, on déduit qu'il existe des constantes positives a et c telle que, pour $j = 1,2$, $|x_j| \geq a$ entraîne $3M_{h,j}(x) \leq \frac{1}{2}|x_j|$ et telle que, pour $j = 1,2$ et pour tout $x \in \mathbb{R}^2$, $3M_{h,j}(x) \leq C\,|x_j|$. Donc de

$$|\hat{S}(z)\, f_{s,\ell}(z)| \leq \epsilon\, A \;\mathrm{Exp}\,(d\|\mathrm{Im}\, z\| - M(\tfrac{z}{H}))$$

il résulte que, pour tout $x \in \mathbb{R}^2$, $|x_1| \geq a$, $|x_2| \geq a$

$$\text{(III.1-10)} \qquad \sup_{(z) \leq 3r(x)} |\hat{S}(x+z)\, f_{s,\ell}(x+z)| \leq \epsilon\, A \;\mathrm{Exp}(3d\, M_h(x) - M(\tfrac{x}{2H}))$$

et pour tout $x \in \mathbb{R}^2$, $|x_1| \leq a$, $|x_2| \geq a$

$$\sup_{(z) \leq 3r(x)} |\hat{S}(x+z) f_{s,\ell}(x+z)| \leq \epsilon\, A \;\mathrm{Exp}(3d\, M_h(x) - M(0, \tfrac{x_2}{2H}))$$

Compte tenu du lemme III.1-9, cette dernière inégalité donne

$$\sup_{(z) \leq 3r(x)} |\hat{S}(x+z) f_{s,\ell}(x+z)| \leq \epsilon\, A\, b \;\mathrm{Exp}(3d\, M_h(x) - M(\tfrac{x}{2bH}))$$

qui, joint à (III.1-10), montre qu'il existe des constantes A_o et H_o telles que

$$\text{(III.1-5)'} \quad \forall\, x \in \mathbb{R}^2, \sup_{(z) \leq 3r(x)} |\hat{S}(x+z) f_{s,\ell}(x+z)| \leq \epsilon\, A_o \;\mathrm{Exp}(3d\, M_h(x) - M(\tfrac{x}{H_o}))$$

De même, de (III.1-2)

$$|\hat{S}(z)| \leq H_1 \;\mathrm{Exp}\,(M_k(z) + k_o\|\mathrm{IM}\, z\|)$$

on obtient, pour tout $x \in \mathbb{R}^2$,

$$\text{(III.1-6)'} \qquad \sup_{(z) \leq 3r(x)} |\hat{S}(x+z)| \leq H_1 \;\mathrm{Exp}\,(3k_o M_h(x) + M_k(c\, x))$$

Les estimations (III.1-5)' et (III.1-6)' sont bien du même type que (III.1-5) et (III.1-6).

c.q.f.d.

4. Conditions nécessaires : On a le théorème suivant qui généralise la partie "c implique a" du théorème 2.2 de Ehrenpreis ([10] p.532)

Théorème III.1-12 : Soit $S \in \mathcal{E}'(M_{(p)})$ opérant sur $\mathcal{D}(M_{(p)})$. Supposons qu'il existe une ultra-distribution $E \in \mathcal{D}'(M_{(p)})$, opérant sur $\mathcal{D}(M_{(p)})$ i.e $E * \varphi \in \mathcal{E}(M_{(p)})$ pour tout $\varphi \in \mathcal{D}(M_{(p)})$ telle que

$$S * E = \delta$$

c'est-à-dire une solution élémentaire de S. Alors

1°) Il existe une constante $B > 0$, telle que

$$\text{(III.1-11)} \quad \forall x \in \mathbb{R}^n, \quad \sup_{\substack{y \in \mathbb{R}^n \\ \|y\| \leq B\, M(x)}} |\hat{S}(x+y)| \geq \frac{1}{B} \operatorname{Exp}(-M(x))$$

2°) $\check{S}^*(\mathcal{D}'(M_{(p)}, \Omega_1)) = \mathcal{D}'(M_{(p)}, \Omega_2)$ et $\check{S}^*(\mathcal{E}_0(M_{(p)}, \Omega_1)) = \mathcal{E}_0(M_{(p)}, \Omega_2))$

pour tout couple d'ouverts (Ω_1, Ω_2) S-convexe.

Démonstration : Considérons l'application injective $T \mapsto S * T$ de $\mathcal{E}'(M_{(p)})$ dans lui-même. L'hypothèse montre qu'un ensemble image est borné si et seulement si, il est image d'un borné. Nous montrons le théorème par l'absurde. Rappelons qu'un ensemble $B \subset \mathcal{E}'(M_{(p)})$ est borné si et seulement si

1°) Il existe une constante $k > 0$ telle que pour toute $T \in B$, il existe une constante $A(T)$ avec $|\hat{T}(z)| \leq A(T) \operatorname{Exp} k\|z\|$.

2°) Pour tout $H > 0$, il existe une constante $A_H > 0$ telle que pour toute $T \in B$ et toute $x \in \mathbb{R}^n$

$$|\hat{T}(x)| \leq A_H \ \mathrm{Exp}\ M(H\ x)$$

Donc si S ne vérifie pas (III.1-11), on peut trouver une suite $x(j) = (x_1(j),\dots,x_n(j)) \in \mathbb{R}^n$ telle que $\|x(j)\| \to +\infty$ lorsque $j \to +\infty$ et telle que

$$\text{(III.1-12)} \qquad \sup_{\|y\| \leq jM(x(j))} |\hat{S}(x(j) + y)| \leq \frac{1}{j} \ \mathrm{Exp}(-M(x(j)))$$

Soit alors (M.Ehrenpreis ([10] p.533) considère des fonctions analogues pour l'étude de l'inversibilité dans $\mathcal{D}'(R^n)$.)

$$\text{(III.1-13)} \quad F_j(z) = j \ (\mathrm{Exp}\ M(x(j)) \prod_{i=1}^{n} \left(\frac{E(j)}{z_i - x_i(j)} \ \sin \frac{z_i - x_i(j)}{E(j)} \right)^{E(j)}$$

où $E(j)$ désigne la partie entière de $\mathrm{Log}(j \exp M(x(j)))$. Les fonctions $z \mapsto F_j(z)$ sont donc toutes entières de type exponentiel un. Comme, pour tout $j \in \mathbb{N}$

$$F_j(x(j)) = j \ \mathrm{Exp}(M(x(j)))$$

L'ensemble $B = \{\hat{F}_1, \hat{F}_2, \dots\} \subset \mathcal{E}'$ n'est pas borné dans $\mathcal{E}'(M_{(p)})$, car la condition 2° n'est pas vérifiée. Nous allons prouver que $S^*(B)$ est, par contre, borné dans $\mathcal{E}'(M_{(p)})$, ce qui fournira une contradiction. Il suffit, pour cela, de voir qu'il existe un entier positif j_o tel que pour tout j et pour tout $x \in \mathbb{R}^n$, on ait

$$\text{(III.1-14)} \qquad |\hat{S}\ F_j(x)| \leq e|\hat{S}(x)| + \sum_{k=1}^{j_o} |\hat{S}\ F_k(x)| + 1$$

En effet, soit $x \in \mathbb{R}^n$ satisfaisant à $\|x - x(j)\| \leq j\ M(x(j))$. On a, selon (III.1-12) et (III.1-13)

$$|\hat{S}\ F_j(x)| \leq 1$$

Si $\|x - x(j)\| > j\ M(x(j))$, on a, d'après (III.1-13)

$$|F_j(x)| \leq j \ \mathrm{Exp}\ (M(x(j)) \quad \left|\frac{n\ E(j)}{j\ M(x(j))}\right|^{E(j)}$$

d'où, si j est assez grand, tenant compte de

$$\frac{n\ E(j)}{j\ M(x(j))} \leq \frac{n(M(x(j) + \log j)}{j\ M(x(j))} \leq \frac{1}{e}$$

On obtient

$$|F_j(x)| \leq j\ [\mathrm{Exp}\ (M(j))]\ [\mathrm{Exp}(-E(j))] \leq e$$

Par suite (III.1-14). D'où la première partie.

Pour la deuxième partie, on se sert de la solution élémentaire E et de la S-convexité du couple (Ω_1, Ω_2). On montre qu'alors $\varphi \mapsto S * \varphi$ est une application injective d'image fermée.

Notons que, d'après la proposition (III.1-3), on voit qu'une ultradistribution S satisfaisant à l'estimation (III.1-11) vérifie (III.1-4) pour une autre suite $N_{(p)} \in \mathcal{M}$. Nous disons qu'alors S est $\mathcal{G}$-inversible.

Le théorème suivant généralise la partie" (a) implique (c)"du théorème 3.10 de Hörmander ([17] p. 156) (voir aussi Björk [2] § 3.3).

<u>Théorème III.1-13</u> : <u>Supposons que</u> $\check{S}^*(\mathcal{D}'(M_{(p)}, \Omega_1)) = \mathcal{D}'(M_{(p)}, \Omega_2)$, <u>alors le couple</u> (Ω_1, Ω_2) <u>est S-convexe</u>.

<u>Démonstration</u> : L'hypothèse entraîne que l'application $\varphi \mapsto S * \varphi$ définit un isomorphisme topologique de $\mathcal{D}(M_{(p)}, \Omega_2)$ sur $S^*(\mathcal{D}(M_{(p)}, \Omega_2))$. Soit donné un ouvert U_1 relativement compact dans Ω_1. Soit U_1^ϵ l'ensemble $U_1 + \{\|x\| \leq \epsilon\}$ où $\epsilon > 0$ est choisi assez petit pour que $\overline{U_1^\epsilon} \subset \Omega_1$. La boule unité fermée $\mathcal{B}$ de l'espace de Banach $D = \mathcal{D}(M_{(p)}, U_1^\epsilon, 1)$ étant une

partie compacte de $\mathcal{D}(M_{(p)}, \Omega_1)$, donc $\mathcal{B} \cap (S^*[\mathcal{D}(M_{(p)}, \Omega_2)])$ l'est aussi. Cette partie est alors l'image par S^* d'une partie compacte de $\mathcal{D}(M_{(p)}, \Omega_2)$. C'est-à-dire qu'il existe un ouvert U_2 relativement compact dans Ω_2 et une constante positive H tels que

$$(S^*)^{-1}(D \cap S^*\mathcal{D}(M_{(p)}, \Omega_2)] \subset \mathcal{D}(M_{(p)}, U_2, H)$$

Montrons que l'ouvert relativement compact U_2 répond à la question de la définition de S-convexité. Soit donc $\varphi \in \mathcal{D}(M_{(p)}, \Omega_2)$ telle que le support de $S * \varphi$ soit inclus dans U_1, il s'agit de voir que le support de φ est dans U_2. En effet si $S * \varphi \in D$, c'est le cas ; et si $S * \varphi \notin D$ nous allons la régulariser. Considérons pour cela $N_{(p)} \in \mathcal{M}$ très régulière telle que $N \prec M$ et soit $\chi_\ell \in \mathcal{D}(N_{(p)}, \{\|x\|<\varepsilon\}, 1)$, une suite tendant vers la mesure de Dirac δ. Alors, vu le choix de $N_{(p)}$, on a $S * (\varphi * \chi_\ell) \in D$ donc le support de $\varphi * \chi_\ell$ est dans U_2 et ceci pour tout ℓ. Comme χ_ℓ tend vers δ, on déduit que le support de φ est aussi dans U_2 (L'existence de la suite $N_{(p)}$ est assurée par la proposition III.1-3).

c.q.f.d.

En réunissant les théorèmes et propositions (III.1-3), (III.1-7), (III.1-12) et (III.1-13), et en notant par $\mathcal{J}(\Omega)$ la réunion des espaces $\mathcal{D}'(M_{(p)}, \Omega)$ pour tout $M_{(p)} \in \mathcal{M}$; on a

<u>Théorème III.1-14</u> : <u>Soit</u> S <u>une ultradistribution à support compact sur</u> $\mathbb{R}^n$, <u>alors les trois conditions suivantes sont équivalentes.</u>

(i) <u>Il existe une ultradistribution</u> $E \in \mathcal{J}(\mathbb{R}^n)$ <u>telle que</u> $S * E = \delta$

(ii) <u>Il existe une suite</u> $M_{(p)} \in \mathcal{M}$, <u>telle que</u>

$$\forall x \in \mathbb{R}^n \quad , \quad \sup_{\|y\| \leq M(x)} |\hat{S}(x+y)| \geq \operatorname{Exp}(-M(x))$$

(iii) $\check{S}^*(\mathcal{J}(\Omega_1)) = \mathcal{J}(\Omega_2)$ <u>pour tout couple d'ouverts</u> (Ω_1, Ω_2) <u>S-convexe</u>

§ 2 - Exemples d'opérateurs $\mathcal{D}'(M_{(p)})$-inversibles

Nous savons que toute distribution à support compact inversible dans $\mathcal{D}'$ est $\mathcal{D}'(M_{(p)})$-inversible. Nous voulons donner ici des classes d'opérateurs $\mathcal{D}'(M_{(p)})$-inversible autres que ceux qui sont $\mathcal{D}'$-inversibles.

1. Les opérateurs différentiels d'ordre infini : Rappelons qu'on a défini les opérateurs différentiels d'ordre infini comme une somme convergente dans un $\mathcal{D}'(M_{(p)})$ de dérivées de la mesure de Dirac. (cf. Chapitre I § 1.1)

Proposition III.2-1 : Soit $P(D) = \sum a_{(p)} D^{(p)}\delta$ un opérateur d'ordre infini de la classe $(|P|!)^{\alpha}$, $\alpha > 1$. Alors sa transformation de Fourier est une fonction entière d'ordre $\rho \leq \frac{1}{\alpha}$.

Démonstration : D'après la proposition (I.1-4), on a

$$\text{(III.2-1)} \qquad \lim_{|p| \to +\infty} \left(|p|!^{\alpha} a_{(p)}\right)^{\frac{1}{|p|}} = 0$$

L'ordre ρ de la fonction $\hat{P}(z) = \sum a_{(p)}(iz)^{(p)}$ se calculant par la formule (cf.[20], [29])

$$\rho = \overline{\lim} \left(\frac{|p| \log |p|}{\operatorname{Log} |^1/a_{(p)}|} \right)$$

qui, joint à (III.2-1) montre que $\rho \leq \frac{1}{\alpha}$. Le théorème (II.3-5) montre alors

Théorème III.2-2 : Tout opérateur différentiel d'ordre infini d'une classe de Gevrey est inversible dans une classe de Gevrey.

Ce théorème n'est pas explicite. En utilisant à nouveau nos résultats sur le module minimum, montrons qu'il est possible d'exprimer une solution élémentaire par la transformation de Fourier complexe en choisissant un escalier d'intégration du type de Hörmander.

Nous supposons que le nombre n des variables est impair. Ce qui ne diminue pas la généralité, car si n est pair, la considération de l'opérateur $P(D) \otimes \delta(x_{n+1})$ ramène le problème au cas d'un nombre impair de variable. En effet si $E(x, x_{n+1})$ est une solution élémentaire de $P(D) \otimes \delta(x_{n+1})$ alors $\int_{-\infty}^{+\infty} E(z,t)\, \varphi(t)dt$ sera une solution élémentaire de $P(D)$, pourvu que $\varphi \in \mathcal{D}(p!^{\beta})$ et $\varphi(o) = 1$.

Reprenons le raisonnement du théorème (II.3-5) avec ses notations! Si une fonction f, entière est d'ordre $\rho \leq \frac{1}{\alpha} < 1$, alors, pour tout $\epsilon > 0$, il existe des constantes K_1 et K_2 tels que

1°) $\forall\, z \in \mathbb{C}^n$ et $r > 0$, $\displaystyle\sum_{|t_j|>r} |t_j(z)|^{-\rho-\epsilon} \leq K_1(r^{-\frac{\epsilon}{2}}\|z\|^{\rho+\epsilon} + 1)$

2°) Pour tout $\|z\| = 1$, et $t \in \mathbb{C}$, $|t| \geq 2$ tel que $\forall\, j$ $|t - t_j| \geq |t_j|^{-\rho-\epsilon}$ (donc $A(t_j) = |t_j|^{-(\rho+\epsilon+1)}$), on a

$$\text{Log}\, |f(tz)| \geq -K_2\, |t|^{\rho+\epsilon}$$

Donc, si $z \in \mathbb{R}^n$, $\|z\| = 1$, d'après 1°), il existe $\alpha(z) \in \mathbb{R}$ tel que $|\alpha(z)| \leq 2\, K_1$ et tel que tout $t \in \mathbb{C}$ vérifiant $\text{Im}\, t = \alpha$ vérifie les conditions de 2°) ; soit alors $\omega = \{x \in \mathbb{R}^n,\ \|x\| = 1\}$ et pour tout $x \in \omega$, notons $D(x)$, la droite $u + i\,\alpha(x)$, $u \in \mathbb{R}$ orientée par u croissante.

On a alors $\forall\, x \in \omega$ et $\forall\, t \in D(x)$, $\text{Log}\, |f(tx)| \geq -K_2|t|^{\rho+\epsilon}$.

Soit $f(z) = \hat{P}(-z)$, qui est d'ordre $\rho = \frac{1}{\alpha}$. Considérons un $\epsilon > 0$ suffisamment petit tel qu'il existe $\beta > 1$ avec $\rho + \epsilon < \frac{1}{\beta} < 1$. Définissons une forme linéaire sur $(|p|!^{\beta})$ par la formule

$$\varphi \longmapsto \frac{1}{(2\pi)^n} \int_{\omega} \Big[\int_{t \in D(x)} \frac{\hat{\varphi}(tx)}{f(tx)}\, t^{n-1} dt \Big]\, d\sigma(x)$$

qui est bien définie, car $\varphi \in \mathcal{D}(|p|!^{\beta})$ implique qu'il existe une constante $A > 0$ telle que, pour tout $x \in \omega$ et $t \in D(x)$

$$|\hat{\varphi}(tx)| \leq A \operatorname{Exp} (-|t|^{\rho'}) \quad \text{où} \quad \rho' = \frac{1}{\rho}$$

On voit de même que l'application ainsi définie transforme ensembles bornés en ensembles bornés. Elle définit donc un élément de $\mathcal{D}'(|p|!^{\beta})$, soit E. Montrons qu'on a

$$P * E = 2\delta$$

c'est-à-dire $\frac{1}{2} E$ est une solution élémentaire de P. Soit alors $\varphi = \check{P}(D) * \psi$ d'où $\hat{\varphi} = f . \hat{\psi}$. On a :

$$E(\varphi) = \frac{1}{(2\pi)^n} \int_{\omega} \Big[\int_{t \in D(x)} t^{n-1} \hat{\psi}(tx) dt \Big] d\sigma = \frac{1}{(2\pi)^n} \int_{\omega} \Big[\int_{t \in \mathbb{R}} t^{n-1} \hat{\psi}(tx) dt \Big] d\sigma$$

$$= \frac{1}{(2\pi)^n} \Big[\int_{\omega} \Big(\int_{0}^{\infty} t^{n-1} \hat{\psi}(tx) dt \Big) d\sigma + \int_{\omega} \Big(\int_{-\infty}^{0} t^{n-1} \hat{\psi}(tx) dt \Big) d\sigma \Big]$$

mais $(n-1)$ étant pair, en effectuant le changement de variable $t \to -t$ dans la dernière intégrale, il vient

$$E(\varphi) = \frac{1}{(2\pi)^n} \Big[\int_{\mathbb{R}^n} \hat{\psi}(x) dx + \int_{\mathbb{R}^n} \hat{\psi}(-x) dx \Big] = 2\psi(o)$$

c.q.f.d.

D'une façon générale, il résulte du théorème (II.3-1), (III.1-14) et de la proposition (III.1-3) le théorème suivant :

<u>Théorème III.2-3</u> : <u>Soit</u> $M_{(p)} \in \mathcal{M}$ <u>telle qu'il existe une suite</u> $Q_{(p)} \in \mathcal{M}$ <u>telle que les fonctions</u> $M(x)$ <u>et</u> $Q(x)$ <u>satisfassent aux conditions</u> (i), (ii), <u>(iii) et (iv) du théorème (II.3-1)</u>. <u>Alors tout opérateur différentiel d'ordre fini ou infini de la classe</u> $M_{(p)}$ <u>est inversible</u> (précisément inversible

dans toute $\mathcal{D}'(N_{(p)})$, $N_{(p)}$ sphérique, très régulière et satisfaisant à

$$\lim_{|p|\to+\infty} \left(\frac{Q_{(p)}}{N_{(p)}} \right)^{\frac{1}{|p|}} = +\infty) .$$

Ainsi par exemple, les opérateurs différentiels de la classe

$M_{(p)} = |p|! \left(\prod_{j=2}^{|p|} \log j \right)^{\alpha}$, $\alpha > 2$ sont inversibles dans la classe

$N_{(p)} = |p|! \left(\prod_{j=2}^{|p|} \log j \right)^{\alpha-\beta}$ pourvu que $\alpha-\beta > 1$ et $\beta > 1$. Nous ne savons pas si le résultat subsiste si $1 < \alpha < 2$. Nous ignorons aussi si tout opérateur différentiel d'ordre infini est inversible.

2. Inversibilité des opérateurs hypoelliptiques : Soit $M(x)$ la fonction associée à une suite $M_{(p)} \in \mathcal{M}$. On a la proposition suivante généralisant un théorème de Hörmander (cf.th.3.4 p.153 de [17]) .

Proposition III.2-4 : Soit $S \in \mathcal{E}'(N_{(p)})$. Supposons que toute fonction continue φ telle que $S * \varphi \in \mathcal{E}_o(M_{(p)})$ soit continûment dérivable. Alors, il existe des constantes positives A et H telles que pour tout $x \in \mathbb{R}^n$ hors d'un compact, on a

$$\hat{S}(x) \geq A \operatorname{Exp}(-M(\tfrac{x}{H}))$$

(Par suite S est inversible dans $\mathcal{D}$ i.e $S^*(\mathcal{D}) = \mathcal{D}$)

Démonstration : Par le théorème du graphe fermé, on sait qu'à tout ouvert relativement compact U_o , il correspond un ouvert relativement compact U et des constantes positives B et H tels que pour toute fonction φ continûment dérivable, on a

$$\sup_{x\in U_o} \left(\sum_{j=1}^{n} \left| \frac{\partial}{\partial x_j} \varphi \right| \right) \leq B \left[\sup_{x\in U} |\varphi(x)| + \sup_{x\in U} \left(\sup_{(p)\in\mathbb{N}^n} \frac{D^{|p|}(S*\varphi)(x)}{H^{|p|} M_{(p)}} \right) \right]$$

Prenons $\varphi(x) = \text{Exp}(-i\langle y,x\rangle)$, $y \in \mathbb{R}^n$ fixé, il vient

$$\|y\| \leq \sum_{j=1}^{n} |y_j| \leq B\,(1 + |\hat{S}(y)|\ \text{Exp}\ M(\tfrac{y}{H})$$

Donc pour tout $y \in \mathbb{R}^n$, $\|y\| \geq B + 1$, on a

$$|\hat{S}(y)| \geq \frac{1}{B}\ \text{Exp}\ (-M\ (\tfrac{y}{H}))$$

c.q.f.d.

Comme corollaire, nous avons :

Théorème III.2-5 : Soit S une ultradistribution à support compact, supposons que S vérifie l'une quelconque des conditions suivantes.

1. Toute $T \in \mathcal{D}'$ avec $S * T \in \mathcal{E}_o(M_{(p)})$ est dans $\mathcal{E}_o(M_{(p)})$
2. Toute $T \in \mathcal{D}'$ avec $S * T \in \mathcal{E}$ est dans $\mathcal{E}$
3. Toute $T \in \mathcal{D}'$ avec $S * T \in \mathcal{E}(M_{(p)})$ est dans $\mathcal{E}(M_{(p)})$
4. Toute $T \in \mathcal{D}'$ avec $S * T \in \mathcal{E}(M_{(p)})$ est dans $\mathcal{E}$

Alors $S^*(\mathcal{O}) = \mathcal{O}$.

Démonstration : En effet, il suffit de remarquer que chacune des quatre conditions entraîne la condition de la proposition (III.2-4)

c.q.f.d.

3. Construction d'une fonction $\varphi \in \mathcal{D}$ inversible dans $\mathcal{D}'(M_{(p)})$

Nous allons faire cette construction dans le cas d'une variable. A partir de là, si ψ est une solution, en n variable, la fonction

$$\varphi(x) = \psi(x_1)\ \dots\ \psi(x_n)$$

sera une fonction dans $\mathcal{D}$ et $\mathcal{D}'(M_{(p)})$-inversible . (Nous nous inspirons d'une construction faite par M. Roumieu [33], dans un autre but).

Soit

$$f(z) = \prod_{j=1}^{\infty} \left(1 - \frac{i\,z}{j^2}\right), \quad z \in \mathbb{C}$$

qui est une fonction entière d'ordre $\frac{1}{2}$. Elle est donc la transformée de Fourier d'un opérateur différentiel $P(D)$ d'ordre infini d'une classe de Gevrey. Comme

$$\forall\, x \in \mathbb{R} \quad \text{et} \quad \forall\, j \quad |f(x)| \geq \frac{|x|^j}{(j!)^2}$$

il vient

$$|f(x)| \geq \sup_j \left(\frac{|x|^j}{(j!)^2} \right)$$

donc, la fonction

$$\omega(x) = \frac{1}{2\pi} \int_{-\infty}^{+\infty} \frac{e^{-ixu}}{f(u)}\, du$$

qui est la solution élémentaire de P, appartient à $\mathcal{E}((P!)^2)$. Et, en évaluant l'intégrale, on voit que

$$\frac{d^j}{dx^j}\, \omega(x) = \begin{cases} 0 & \text{si} \quad x < 0 \\ -i \displaystyle\sum_{\ell=1}^{\infty} \frac{(i\,\ell^2)^j e^{-\ell^2 x}}{(-\frac{i}{\ell}) \displaystyle\prod_{\substack{k>0 \\ k\neq \ell}} (1 - \frac{\ell^2}{k^2})} & \text{si} \quad x > 0 \end{cases}$$

Or
$$\left| \prod_{\substack{k>0 \\ k\neq \ell}} \left(1 - \frac{\ell^2}{k^2}\right) \right| = \left| \lim_{x \to \ell} \frac{\sin \pi x}{\pi x \, (1 - \frac{x^2}{\ell^2})} \right| \geq \frac{1}{2}$$

Donc, pour tout $x \geq a > 0$, en majorant $e^{-\ell^2 x}$ par $\frac{(j+2)!}{(\ell^2 a)^{j+2}}$, on obtient

$$\sup_{|x| \geq a} \left|\frac{d^j}{dx^j}\, \omega(x)\right| \leq 2\,(j+2)!\, \left(\frac{1}{a}\right)^{j+2} \sum_{\ell=1}^{\infty} \left(\frac{1}{\ell^2}\right)$$

Donc ω est analytique hors de l'origine .

Soit alors $\chi \in \mathcal{D}(P!)^{\alpha}$, $1 < \alpha < 2$, identique à un sur un voisinage de zéro. Nous voulons montrer que $\chi\omega$, notée par ψ, possède la propriété 3 du théorème III.2-5 . La fonction ψ est donc $\mathcal{S}$-inversible. En effet, on a

$$\delta = P * \omega = P * \psi + P *(1 - \chi)\omega$$

avec $f = P * (1-\chi)\omega \in \mathcal{D}(P!)^{\alpha}$, car P opère sur $\mathcal{D}(p!^{\alpha})$. Donc si $T \in \mathcal{D}'$ vérifiant $\psi * T \in \mathcal{E}(p!^{\alpha})$, on a alors, si $\beta \in \mathcal{D}(p!^{\alpha})$, identique à un sur $[-R,R]$, $R > 0$,

$$\beta T = \beta T * (\rho * \psi + f) = (\beta T * \psi) * \rho + (\beta T) * f .$$

où $\beta T * f \in \mathcal{D}(p!^{\alpha})$ puisque $f \in \mathcal{D}(p!^{\alpha})$, tandis que la restriction de $\beta T * \psi$ à $[-(R-r), R-r]$ coïncide avec la restriction de $T * \psi$, si $[-r,r]$ contient le support de ψ . Donc, de $\psi * T \in \mathcal{E}(p!^{\alpha})$, on déduit, compte tenu du fait que P opère sur $\mathcal{D}(p!^{\alpha})$, que la restriction de βT à $[-R+r, R-r]$, qui coïncide avec la restriction de T, est de la classe $(p!)^{\alpha}$. D'où le résultat en faisant tendre R vers l'infini.

c.q.f.d.

Par ce principe, nous allons montrer le théorème suivant essentiellement prouvé par M.Ehrenpreis en utilisant la théorèe des espaces analytiquement uniformes. (cf. [12]) .

<u>Théorème III.2-6 :</u> <u>Soit</u> F <u>un Frechet. Soit</u> $\mathcal{E}(\mathbb{R}^n ; F)$ <u>l'espace des fonctions indéfiniment dérivables définies sur</u> $\mathbb{R}^n$ <u>à valeur dans</u> F, <u>alors</u>

$$\mathcal{D}(\mathbb{R}^n ; \mathbb{C}) * \mathcal{E}(\mathbb{R}^n ; F) = \mathcal{E}(\mathbb{R}^n ; F)$$

De façon plus précise, nous prouvons que pour toute partie bornée $\mathcal{B}$ de $\mathcal{E}(\mathbb{R}^n ; F)$, il existe une fonction $\varphi \in \mathcal{D}(\mathbb{R}^n ; \mathbb{C})$ et une partie bornée B de $\mathcal{E}(\mathbb{R}^n ; F)$ telles que

$$\bigcup_{\vec{T} \in B} (\varphi * \vec{T}) = \mathcal{B}$$

Nous allons prouver le résultat paritel suivant

Lemme : Si $\mathcal{B}$ est une partie bornée de $\mathcal{E}(\mathbb{R} ; \mathbb{C})$, il existe une fonction $\varphi \in \mathcal{D}(\mathbb{R};\mathbb{C})$ et une partie B bornée dans $\mathcal{E}(\mathbb{R} ; \mathbb{C})$ telle que $\varphi * B = \mathcal{B}$.

Et le résultat annoncé s'en suit. En effet, on sait, selon Grothendieck (cf.[15 A]) que $\mathcal{E}(\mathbb{R},F) = \mathcal{E}(\mathbb{R},C) \hat{\otimes} F$ et que tout élément $\vec{f}$ d'une partie bornée $\mathcal{B}$ de $\mathcal{E}(\mathbb{R} ; F)$ se met sous la forme $\vec{f}(x) = \sum_j \lambda_j f_j(x)\vec{e}_j$ où $\sum |\lambda_j| \leq 1$, les f_j formant une partie bornée de $\mathcal{E}(\mathbb{R} ; \mathbb{C})$ et les $\vec{e}_j$ une partie bornée de F.

Donc, il existe une fonction $\varphi \in \mathcal{D}(\mathbb{R} ; \mathbb{C})$, une suite g_j bornée dans $\mathcal{E}(\mathbb{R} ; \mathbb{C})$ avec $\varphi * g_j = f_j$. Donc $\vec{g}(x) = \sum \lambda_j g_j(x)\vec{e}_j \in \mathcal{E}(\mathbb{R} ; F)$ est telle que $\varphi * \vec{g} = \vec{f}$ et les $\vec{g}$ forment une partie bornée de $\mathcal{E}(\mathbb{R}, F)$.

Ceci s'applique, en particulier, de façon récurrente à $\mathcal{E}(\mathbb{R}^n ; F)$ car $\mathcal{E}(\mathbb{R}^n ; F) = \mathcal{E}(\mathbb{R} ; \mathcal{E}(\mathbb{R}^{n-1} ; F))$.

Preuve du lemme : Soit $\mathcal{B}$ une partie bornée de $\mathcal{E}(\mathbb{R} ; \mathbb{C})$. Nous allons construire un opérateur différentiel d'ordre infini P d'une classe de Gevrey, soit $(p!)^\delta$ tel qu'une solution élémentaire $E \in \mathcal{E}(\mathbb{R} ; \mathbb{C})$ soit analytique en dehors d'un compact K. D'autre part, on exigera : (III.2-2) $\forall f \in \mathcal{B}$, $P f \in \mathcal{E}(\mathbb{R} ; \mathbb{C})$ et l'ensemble $P * (\mathcal{B})$ reste borné dans $\mathcal{E}(\mathbb{R} ; \mathbb{C})$. Alors soit $\psi \in \mathcal{D}(p!^\gamma)$, $\gamma < \delta$ et de support contenu dans $[-r,r]$ identique à un sur K. Posant $\varphi = \psi E$. On voit que : toute $T \in \mathcal{D}'$ telle que $\varphi * T \in \mathcal{E}_0(p!^\delta)$ est un élément de $\mathcal{E}(\mathbb{R} ; C)$. Car, considérant $\beta \in \mathcal{D}(p!^{\delta-\epsilon})$ $\delta - 1 > \epsilon > 0$, identique à un sur $[-R, +R]$, de l'identité

(III.2-3) $\beta T = \beta T * (P * E) = (\beta T * \varphi) * P + \beta T * ((1-\psi)E * P)$

où $P * (1-\psi) E \in \mathcal{E}(p!^{\delta-\epsilon})$ puisque $P \in \mathcal{E}'(p!^\delta)$ donc opère sur $\mathcal{D}(p!^{\delta-\epsilon})$, on déduit que la restriction de T à $]-R+r, R-r[$, qui coïncide avec la restriction de βT est dans $\mathcal{E}$, pourvu que la restriction de $\beta T * \varphi$

à]-R+r, R-r[soit dans $\mathcal{E}(p!^{\delta})$. Donc $T \in \mathcal{E}$ en faisant tendre R vers l'infini. Ce qui montrera, d'après les propositions III.2-4 , III.1-5 et le théorème III.1-7 d'inversibilité, que la fonction φ est $\mathcal{D}'(p!^{\delta-\epsilon})$- inversible. Donc $f \in \mathcal{B}$ étant donnée, il existe $T \in \mathcal{D}'(p!^{\delta-\epsilon})$ telle que

$$\varphi * T = f$$

Utilisant de nouveau (III.2-3), tenant compte cette fois de (III.2-2), on voit que $T \in \mathcal{E}$. Enfin, les espaces $\mathcal{D}'(p!^{\delta-\epsilon})$ étant des Frechet-Schwartz de la surjectivité de l'homomorphisme $T \to \varphi * T$, on déduit qu'il existe une partie B bornée dans $\mathcal{D}'(p!^{\delta-\epsilon})$, pré-image de $\mathcal{B}$. L'identité (III.2-3) montre, en fait, que B est borné dans $\mathcal{E}$.

Construction de P : Posons

$$A'_{\ell} = \operatorname*{Sup}_{\alpha \leq \ell} \operatorname*{Sup}_{g \in \mathcal{B}} \left(\operatorname*{Sup}_{|x| \leq \ell} \left| \frac{d^{2\alpha}}{dx^{2\alpha}} g(x) \right| \right)$$

Soit a_{ℓ} défini par récurrence par $a_1 = \operatorname{Sup}\left(4, \frac{A'_1}{A'_0}\right)$ et

$a_{\ell+1} = \operatorname{Sup}\left(\frac{A'_{\ell+1}}{A'_{\ell}}, \frac{2a_{\ell}}{\ell+1}\right)$. On posera $A_{\ell} = a_1 \dots a_{\ell}$ et $b_{\ell} = a_{\ell}(\ell!)$.
On a $A_{\ell} \geq A'_{\ell}$ et $b_{\ell} \geq 2\, b_{\ell-1}$, $b_1 \geq 4$.

Considérons la fonction définie sur $\mathbb{C}$

$$z \longrightarrow \Gamma(z) = \prod_{\ell=1}^{\infty} \left(1 - \frac{z^2}{b_{\ell}}\right)$$

qui est entière d'ordre zéro. C'est donc la transformée de Fourier d'un opérateur différentiel P(D) d'une classe de Gevrey. Comme

$$|\Gamma(z)| \leq \sum_{\ell} \frac{e^{\ell}}{A_{\ell}\, \ell!} z^{2\ell}$$

$P(D)(\mathcal{B}) \subset \mathcal{E}$ et y forme un ensemble borné.

Considérons d'autre part, les intégrales

$$\int_{-\infty}^{+\infty} \frac{t^{\ell}\, e^{-ixt}}{\Gamma(t)}\, dt \quad , \ \ell \in \mathbb{N}$$

qui sont absolument et uniformément convergentes. Donc

$$E(x) = \frac{1}{2\pi} \int_{-\infty}^{+\infty} \frac{e^{-ixt}}{\Gamma(t)}\, dt \quad \in \mathcal{E}$$

C'est une solution élémentaire de $P(D)$. Montrons que $E(x)$ est analytique pour $x \neq 0$. Pour cela, nous allons évaluer $E(x)$. On a

$$E(x) = \frac{1}{2\pi} \sum_{j=1}^{\infty} \frac{\pi\sqrt{b_j}\ \exp(-\sqrt{b_j}\,|x|)}{\prod\limits_{\substack{m=1\\ m\neq j}}^{\infty} (1 - \frac{b_j}{b_m})} = \frac{1}{2} \sum_{j=1}^{\infty} \frac{\sqrt{b_j}\ \mathrm{Exp}(-\sqrt{b_j}\,|x|)}{\prod\limits_{\substack{m=1\\ m\neq j}}^{\infty} (1 - \frac{b_j}{b_m})}$$

Compte tenu de $2b_j \leq b_{j+1}$, soit $\frac{b_j}{b_m} \leq (\frac{1}{2})^{m-j}$, si $m > j$; on tire :

$$\left| \prod_{m>j} \left(1 - \frac{b_j}{b_m}\right) \right| \geq \mathrm{Exp}\left(-2 \sum_{m>j} \frac{b_j}{b_m}\right) \geq \frac{1}{e^2}$$

et

$$\left| \prod_{m<j} \left(1 - \frac{b_j}{b_m}\right) \right| \geq 1 .$$

Donc, pour $x \neq 0$, on a

$$\left| \frac{d^k}{dx^k} E(x) \right| \leq \frac{e^2}{2} \sum_j (b_j)^{\frac{k+1}{2}}\ \mathrm{Exp}(-\sqrt{b_j}\,|x|)$$

Ce qui prouve que $E(x)$ est analytique en dehors de l'origine.

c.q.f.d.

4. Construction d'une distribution non inversible. Contrairement au cas des hyperfonctions dans lesquelles, on sait, d'après une proposition de M. Martineau (cf.[24], chapitre II, proposition 5.3) que tout opérateur de

convolution défini par une ultradistribution à support compact est toujours inversible, i.e applique l'espace des hyperfonctions sur lui-même, dans le cas qui nous préoccupe, M. Ehrenpreis a construit (cf.[10]) l'exemple suivant, qui n'est inversible dans aucune classe non quasi-analytique que nous reproduisons afin d'être complet. Il considère la fonction d'une variable

$$F(z) = \prod_{j=1}^{\infty} \left(\cos \frac{\pi z}{2j!\ j \log^2 j}\right)^{j!}$$

qui est entière de type exponentiel 1. Comme elle est bornée sur $\mathbb{R}$, c'est donc la transformée de Fourier d'une distribution S à support dans $[-1,+1]$. De

$$\sup_{|y| \leq \frac{x_j}{j \log j}} |F(x_j + y)| \leq \operatorname{Exp}\left(- \frac{\pi\, x_j}{2j \log j}\right), \quad \text{où} \quad x_j = j \log^2 j$$

On déduit, d'après le théorème III.1-12 que S n'est inversible dans aucune classe des ultradistributions construites à partir des fonctions non quasi-analytiques car, si $x \longmapsto M(x)$ est une fonction croissante telle que

$$\int_0^{\infty} \frac{M(x)}{1+x^2}\, dx < + \infty$$

On aura, pour une infinité d'indices j , $M(x_j) \leq \frac{x_j}{j \log j}$

c.q.f.d.

§ 3 . - La convolution et le support singulier

1- Nous allons généraliser au cas des ultradistributions et au support singulier le théorème bien connu de M. Lions: L'enveloppe convexe du support d'un produit de convolution de deux distributions à support compact est égale à la somme des enveloppes convexes de leurs supports. Nous appliquons ensuite ce résultat au phénomène de la propagation de la régularité d'une solution d'une équation différentielle d'ordre infini. (Pour le cas de la solution d'une équation différentielle d'ordre fini, ce phénomène est montré par MM. Boman et Malgrange cf. [5] , [23]).

Afin d'abréger les écritures, nous notons par $\underline{W}$ (resp. $\underline{\underline{W}}$) le support (le support $M_{(p)}$ - singulier) d'une ultradistribution W et par $\Gamma(\underline{W})$ (resp. $\Gamma(\underline{\underline{W}})$) l'enveloppe convexe de l'ensemble $\underline{W}$ (resp. $\underline{\underline{W}}$)

<u>Proposition III.3-1</u> : <u>Soient W et W' deux ultradistributions à support compact, alors</u> $\Gamma(\underline{W}) + \Gamma(\underline{W'}) = \Gamma(\underline{W * W'})$

<u>Démonstration</u>: Il suffit de régulariser W et W' pour se ramener au cas des distributions, c.q.f.d.

Supposons que W et W' opèrent sur la classe $M_{(p)}$. Si α et α' sont deux fonctions de $\mathcal{D}(M_{(p)})$ identiques à 1 sur un voisinage de $\underline{\underline{W}}$ et $\underline{\underline{W}}'$ respectivement. Ecrivons :

$$W = \alpha W + (1-\alpha) W$$

$$W' = \alpha' W' + (1-\alpha') W'$$

On obtient

$$W * W' = \alpha W * \alpha' W' + (\text{termes réguliers})$$

Soit :

$$\Gamma(\underline{\underline{W * W'}}) \subset \Gamma(\underline{\underline{W}}) + \Gamma(\underline{\underline{W'}}) \quad .$$

Nous allons montrer que, si l'une des deux ultradistributions est un opérateur différentiel d'ordre infini satisfaisant à certaines conditions (conditions toujours remplies s'il est un opérateur différentiel ordinaire), alors il y a l'égalité. Nous obtenons ainsi une généralisation d'un théorème de Hörmander (cf. théorème 4.4 p. 161 de [17]).

Remarque : Il est intéressant de donner une caractérisation des W tels que $\Gamma(\underline{W} * \underline{W}') = \Gamma(\underline{W}) + \Gamma(\underline{W}')$ quelque soit $W' \in \mathcal{E}'(M_{(p)})$.

Dans le reste de ce chapitre, nous supposons que les suites $M_{(p)}$ sont "sphériques" .

Théorème III.3-2 : Supposons que l'ultradistribution à support compact S , opérant sur $\mathcal{D}(M_{(p)})$ est telle qu'il existe une constante $B > 0$ et une suite $(t_\ell)_{\ell \in \mathbb{N}}$, $\mathcal{D}'(M_{(p)})$ - adaptée telles que

$$\text{(III.3-1)} \qquad \forall z \in \mathbb{C}^n \quad \sup_{\substack{\zeta \in \mathbb{C}^n \\ \|\zeta\| \leq M_t(z)}} |\hat{S}(z+\zeta)| \geq B \operatorname{Exp}(-M_t(z)) .$$

Alors, pour toute $W \in \mathcal{E}'(M_{(p)})$, on a $\Gamma(\underline{W}) \subset \Gamma(\underline{S} * \underline{W})$.

Tenant compte du théorème II.3-1, nous obtenons comme corollaire

Théorème III.3-3 . Si $S = P(D)$, un opérateur différentiel d'ordre infini qui a pour transformée de Fourier une fonction entière d'ordre presque inférieur à un, telle que la fonction $Q(x)$ (qui intervient dans le théorème II.3-1) est associée à une suite $Q_{(p)} \in \mathcal{M}$. Alors on a :

$$\Gamma(Q_{(p)}\text{-support singulier de } T) = \Gamma(Q_{(p)}\text{-support singulier de } P(T))$$

pour toute $T \in \mathcal{D}'(Q_{(p)})$ de $Q_{(p)}$-support singulier compact.

Démonstration du Théorème III.3-2 . Posons $K = \Gamma(\underline{S} * \underline{W})$ et $L = \Gamma(\underline{S})$, $m = \underset{x \in K}{\operatorname{Max}} \|x\|$ et $s = \underset{x \in L}{\operatorname{Max}} \|x\|$. Rappelons (cf. théorème I.2-12) qu'une ultradistribution S a pour $M_{(p)}$-support singulier $\underline{\underline{S}}$ avec $\Gamma(\underline{\underline{S}}) = L$, si et seulement si : pour tout $j \in N_+$, il existe une suite $\beta = \beta(j) = (\beta_m(j))_{m\in N}$ tendant vers l'infini avec m et des constantes positives k_j et A_j telles que

$$\text{(III.3-2)} \quad \|y\| \leq j\, M(k_j x) \Longrightarrow |\hat{S}(x+iy)| \leq A_j \operatorname{Exp}(H_L(iy) + M_\beta(x) + \frac{1}{j}\|y\|)$$

où $H_L(z) = \underset{x \in L}{\operatorname{Max}}(-\langle x, \operatorname{Im} z\rangle)$ est la fonction d'appui du compact L . Nous pouvons prendre, ici, pour $\beta(j)$ une suite $M_{(p)}$-adoptée puisque nous avons supposé que S opère sur $\mathcal{D}(M_{(p)})$.

De même, pour $W * S$, nous trouvons une suite $\gamma = \gamma(j) = (\gamma_m(j))_{m\in N}$ tendant vers l'infini et des constantes h_j et B_j telles que

$$\text{(III.3-3)} \quad \|y\| \leq j\, M(h_j x) \Longrightarrow |\hat{S}\, \hat{W}(x+iy)| \leq B_j \operatorname{Exp}(H_K(iy) + M_\gamma(x) + \frac{1}{j}\|y\|)$$

En prenant pour h_j et k_j le $\inf(h_j, k_j)$, nous pouvons supposer que $k_j = h_j$.

Nous allons nous servir de (III.3-1) et du théorème II.1-1 pour déduire une estimation analogue pour $\hat{W}$, qui nous permettra d'estimer le support $M_{(p)}$-singulier de W .

Soit $m > 1$ fixé. Choisissons un nombre positif d_j tel que, pour tout couple $(z = x+iy,\ z' = x'+iy') \in \mathbb{C}^n \times \mathbb{C}^n$ hors d'un compact : les conditions

$$\text{(III.3-4)} \qquad \|y\| \leq j\, M(d_j x) \ , \ \|z'\| \leq m\, M_t(z)$$

implique

$$\|\operatorname{Im}(z+z')\| \leq j\, M(h_j(x+x'))$$

donc, de (III.3-2) , on déduit pour un tel z

$$\sup_{\|z'\| \leq m\, M_t(z)} |\hat{S}(z+z')| \leq A_j \left[\operatorname{Exp}(H_L(iy) + sm\, M_t(z) + \frac{\|y\| + m\, M_t(z)}{j})\right] \times$$

$$\times \sup_{\|x'\| \leq m M_t(x)} [\operatorname{Exp}(M_\gamma(x+x')]$$

mais l'hypothèse de sphéricité entraîne qu'il existe des constantes C_o et C_1 telles que

$$\sup_{\|x'\| \leq m\, M_t(z)} (\operatorname{Exp}[M_\beta(x+x')]) \leq C_o \operatorname{Exp}(M_\beta(C_1 x))$$

Donc, il existe une constante $D_j > 0$ telle que pour tout $z = x+iy \in \mathbb{C}^n$, avec $\|y\| \leq j\, M(h_j x)$, on a

$$\sup_{\|z'\| \leq m\, M_t(z)} |\hat{S}(z+z')| \leq D_j \operatorname{Exp}[H_L(iy) + (s + \frac{1}{j}) m\, M_t(z) + \frac{\|y\|}{j} + M_\beta(C_1 x)]$$

On obtient de même une estimation analogue pour $\hat{S}\,\hat{W}$, soit

$$\sup_{\|z'\| \leq m\, M_t(z)} |\hat{S}\,\hat{W}(z+z')| \leq D'_j \operatorname{Exp}[H_K(iy) + (w + \frac{1}{j}) m\, M_t(z) + \frac{\|y\|}{j} + M_\gamma(C'_1 x)]$$

Donc, du théorème de division

$$|\hat{W}(z)| = |\hat{S}\,\hat{W}(z)/\hat{S}(z)| \leq \sup_{\|z'\| \leq \rho} |\hat{S}(z+z')|^{\frac{2r}{\rho-r}} \left(\sup_{\|z'\| \leq r} |\hat{S}(z+z')|\right)^{-\frac{\rho+r}{\rho-r}} \left(\sup_{\|z'\| \leq \rho} |\hat{S}\hat{W}(z+z')|\right)$$

avec $\rho = m\, M_t(z)$ et $r = M_t(z)$, résulte

Pour tout $z = x+iy \in \mathbb{C}^n$, avec $\|y\| \leq j\, M(h_j x)$, on a :

$$|\hat{W}(z)| \leq F_j \operatorname{Exp}(H_K(z) + \frac{2}{m-1} H_L(z) + G(z))$$

où

$$F_j = D'_j (D_j)^{\frac{2}{m-1}} (B)^{\frac{m-1}{m+1}}$$

et $$G(z) = (w + \frac{1}{j}) m\, M_t(z) + \frac{\|y\|}{j} + M_\gamma(C'_1 x) + \frac{2}{m-1} \left[(s + \frac{1}{j}) m\, M_t(z) + \frac{\|y\|}{j} + M_\beta(C_1 x)\right] + \frac{m+1}{m-1} M_t(z) .$$

Soit

$$G(z) \leq \left[(w + \frac{2(s+1)}{m-1} m\, M_t(z) + \frac{2}{m-1} M_\beta(C_1 x) + M_\gamma(C_1' x) \right] + \frac{1}{j} (1 + \frac{2}{m-1}) \|y\|$$

Du fait que $(t_m)_{m\in\mathbb{N}}$ et $(\beta_m(j))_{m\in\mathbb{N}}$ sont des suites $\mathcal{D}'(M_{(p)})$-adoptées, on voit qu'il existe une suite $\alpha(j) = (\alpha_m(j))_{m\in\mathbb{N}}$ tendant vers l'infini, telle que le premier terme du second membre de la dernière inégalité soit majoré par $M_\alpha(x)$. D'où

$$\text{(III.3-5)} \qquad G(z) \leq M_{\alpha(j)}(x) + \frac{1}{j} (1 + \frac{2}{m-1}) \|y\|$$

Donc, pour l'entier j donné, choisissons j' tel que

$\frac{1}{j'} (1 + \frac{2}{m-1}) \leq \frac{1}{j}$. Avec $\delta(j) = \alpha(j')$, $k_j' = d_{j'}$ et $A_j' = F_{j'}$. On a

$$|\hat{W}(x+iy)| \leq A_j' \ \operatorname{Exp} (M_\delta(x) + H_K(iy) + \frac{2}{m-1} H_L(iy) + \frac{\|y\|}{j}$$

dès que

$$\|y\| \leq j \ [M(k_j' x)]$$

Ce qui prouve que

$$\Gamma(\underline{W}) \subset \Gamma(\underline{\underline{S * W}}) + \frac{2}{m-1} \Gamma(\underline{S})$$

En faisant tendre m vers l'infini, on obtient

$$\Gamma(\underline{W}) \subset \Gamma(\underline{\underline{S * W}})$$

C.Q.F.D.

<u>Remarque</u> : Si nous remplaçons la condition (III.3-1) par : S est $\mathcal{D}'(M_{(p)})$-inversible (i.e $\forall x \in \mathbb{R}^n$, on a $\sup_{\|\zeta\| \leq M_t(x)} |\hat{S}(x+\zeta)| \geq B \operatorname{Exp}(-M_t(x))$) on a alors : $\Gamma(\underline{\underline{W}}) \subset \Gamma(\underline{\underline{S * W}}) + \frac{2}{m-1} \Gamma(\underline{\underline{S}}) + \mathcal{B}(m(\omega + \frac{2s}{m-1}))$

où $\mathcal{B}(r)$ désigne la boule de centre 0 et de rayon r, tandis que $\omega = \operatorname{Max}_{x \in K} \|x\|$ et que $s = \operatorname{Max}_{x \in L} \|x\|$, car, pour appliquer le théorème de division, on doit prendre cette fois-ci

$$r(z) = \|\operatorname{Im} z\| + M_t(z) \quad \text{et } \rho(z) = m\, r(z) \quad (\text{et non plus } r(z) = M_t(z))$$

2 - Phénomène de la propagation de la régularité

<u>Proposition III.3-4</u> - <u>Soit</u> S <u>une ultradistribution à support compact opérant sur</u> $\mathcal{D}(M_{(p)})$ <u>et</u> $\mathcal{D}'(M_{(p)})$<u>-inversible</u>, <u>alors toute</u> $T \in \bigcup_{N \in \mathcal{M}} \mathcal{D}'(N_{(p)})$ <u>de support</u> $M_{(p)}$<u>-singulier compact telle que</u> $S * T \in \mathcal{E}(M_{(p)})$ <u>est en fait l'élément de</u> $\mathcal{E}(M_{(p)})$.

<u>Démonstration</u> : Considérons d'abord le cas où T a un support compact. La condition (III.3-3) est alors remplacée par : Il existe des constantes positives A_1, A_2 et A_3 telles que

$$\forall z \in \mathbb{C}^n, \ |(\widehat{S * T})(z)| \leq A_1 \operatorname{Exp}(-M(A_2 z) + A_3 \|\operatorname{Im} z\|)$$

soit, $\forall x \in \mathbb{R}^n$,

$$\text{(III.3-6)} \quad \sup_{\|\zeta\| \leq 3M_t(x)} |\hat{S}\, \hat{T}(x+\zeta)| \leq A_1 \operatorname{Exp}(3A_3 M_t(x)) \sup_{\|\zeta\| \leq 3M_t(x)} \operatorname{Exp}(-M(A_2 x + A_2 \zeta)) \leq$$

$$\leq A_1 C_1'' \operatorname{Exp}(3A_3 M_t(x) - M(C_2'' x))$$

L'existence des C_1'' et C_2'' provient du fait que $M_{(p)}$ est sphérique.

Remplaçons (III.3-2) par la relation : Il existe des constantes D_1 et D_2 et une suite $(\beta_\ell)_{\ell \in \mathbb{N}}$ $M_{(p)}$-adaptée telle que

$$\forall z \in \mathbb{C}^n, \ |\hat{S}(z)| \leq D_1 \operatorname{Exp}(D_2 \|\operatorname{Im} z\| + M_\beta(z))$$

soit, $\forall x \in \mathbb{R}^n$

$$\text{(III.3-7)} \quad \sup_{\|\zeta\|\leq 3M_t(x)} |\hat{S}(x+\zeta)| \leq D_1 \operatorname{Exp}(3\, D_2 M_t(x)) \sup_{\|\zeta\|\leq 3M_t(x)} \operatorname{Exp}\ M_\beta(x+\zeta)$$

$$\leq D_1\, C_1''' \operatorname{Exp}(3\, D_2 M_t(x) + M_\beta(C_2'''x))$$

La formule de division

$$|\hat{T}(z)| \leq \sup_{\|\zeta\|\leq 3M_t(z)} |\hat{S}\,\hat{T}(z+\zeta)| \sup_{\|\zeta\|\leq 3M_t(z)} |\hat{S}(z+\zeta)| \Big/ \sup_{\|\zeta\|\leq M_t(z)} |\hat{S}(z+\zeta)|^2$$

donne:

$$\forall x \in \mathbb{R}^n,\ |\hat{T}(x)| \leq \frac{A_1 C_1'' D_1 C_1'''}{B_1} \operatorname{Exp}\ (3(A_3+D_2)M_t(x)+2M_t(x)+M_\beta(C_2'''x) - M(C_2''\, x))$$

En se servant de la condition de $\mathcal{D}'(M_{(p)})$-adaptation sur les suites (t_ℓ) et (β_ℓ), on voit que T est bien dans $\mathcal{E}(N_{(p)})$ pour toute $M_{(p)} \prec N_{(p)}$, donc dans $\mathcal{E}(M_{(p)})$, d'après la proposition I.2-6 .

Dans le cas où T n'est pas à support compact, on écrit $T = \alpha T + (1-\alpha)T$ avec $\alpha \in \mathcal{D}(M_{(p)})$ identique à 1 sur le $M_{(p)}$-support singulier de T . On a alors $(1-\alpha)T \in \mathcal{E}(M_{(p)})$ donc, $S * \alpha T = (S * T) + S *((1-\alpha)T)$ appartient à $\mathcal{D}(M_{(p)})$, d'où $\alpha T \in \mathcal{D}(M_{(p)})$,

c.q.f.d.

Si $S = P(D)$, un opérateur différentiel d'ordre fini ou infini satisfaisant aux conditions du théorème III.3-3, alors $P(D)$ opère sur $\mathcal{D}(Q_{(p)})$. On a le théorème suivant, qui, pour un opérateur différentiel (aux dérivées partielles) ordinaire, à coefficients existants, est prouvé par M.M Malgrange [23] et Boman [5].

Soient F un ensemble fermé convexe de $\mathbb{R}^n$ et Ω un ouvert de $\mathbb{R}^n$ tels que, désignant par Ha le demi espace fermé de $\mathbb{R}^n$ défini par $x_1 \leq a$, l'ensemble $(\Omega \cap F \cap Ha)$ soit compact, Désignons par Ωa l'intérieur de

$\Omega \cap Ha$; on a

Théorème III.3-5 : Sous les hypothèses géométriques précédents, soit $T \in \mathcal{D}'(Q_{(p)})$.

1. Supposons que le $Q_{(p)}$-support singulier de T est dans F. Alors la restriction de T à Ωa est dans $\mathcal{E}(Q_{(p)}, \Omega a)$ si et seulement si la restriction de $P * T$ à Ωa est dans $\mathcal{E}(Q_{(p)}, \Omega a)$
2. Supposons qu'en dehors de F, T est analytique. Alors la restriction de T à Ωa est analytique si et seulement si la restriction de $P* T$ à Ωa est analytique.

Démonstration : La seconde partie résulte immédiatement de la première partie et du théorème Bang-Mandelbrojt sur l'intersection des classes de fonctions indéfiniment différentiables. Montrons la première partie.

L'opérateur $P(D)$ opérant sur $\mathcal{D}(Q_{(p)})$, la condition est manifestement nécessaire. Pour la suffisance, nous allons tronquer T pour appliquer le théorème III.3-3. Soit α une fonction de la variable x_1 seule, qui est indéfiniment différentiable de la classe $Q_\ell = \inf_{|p| = \ell} Q_{(p)}$, identique à un pour $x_1 \leq a - \varepsilon$, à zéro pour $x_1 \geq a - \frac{\varepsilon}{2}$. L'ultradistribution αT a donc un $Q_{(p)}$-support singulier compact. Comme $P \in \mathcal{D}'(Q_{(p)})$ et que $\alpha \in \mathcal{D}(Q_{(p)})$, $T \in \mathcal{D}'(Q_{(p)})$, on peut appliquer la formule de Leibniz-Hörmander généralisée (cf. proposition I.2-14), soit

$$P(\alpha T) = \alpha PT + \sum_{\ell \geq 1} \frac{i^\ell}{\ell !} (D^\ell_{x_1} \alpha) (P^\ell T)$$

Comme tous les termes de la série s'annulent pour $x_1 < a - \varepsilon$ ou $x_1 > a - \frac{\varepsilon}{2}$, et que $\alpha(PT)$ est dans $\mathcal{E}(Q_{(p)})$, le $Q_{(p)}$-support singulier de $P(\alpha T)$ est contenu dans $\complement H_{a-\varepsilon}$. Donc, d'après le théorème III.3-3, il en est de même pour le $Q_{(p)}$-support singulier de αT. La restriction de αT à $\Omega_{a-\varepsilon}$, qui coïncide avec celle de T, est alors dans $\mathcal{E}(Q_{(p)}, \Omega_{a-\varepsilon})$. Le théorème en résulte, ε étant arbitraire.

c.q.f.d.

§ 4 - Existence des solutions d'une équation de convolution dans une classe de fonctions quasi-analytiques

Nous étendons le théorème III.1-7 d'existence des solutions dans $\mathcal{E}_o(M_{(p)})$ au cas où la suite $M_{(p)}$ ne vérifie pas forcément la condition de non quasi-analyticité. De façon précise, la suite $M_{(p)}$ est supposée logarithmiquement convexe, dérivable, multipliable et sphérique. La condition de non quasi-analyticité est remplacée par

$$\forall a > 0 \quad , \quad \underline{\lim} \quad a^{(p)} M_{(p)} > 0$$

Cette condition nous permet d'associer à la suite $M_{(p)}$ sa fonction associée. La même condition nous assure que l'espace $\mathcal{E}_o(M_{(p)})$ contient toutes les fonctions exponentielles i.e les fonctions $(x \longmapsto \text{Exp } i < z.x >)$. (L'espace $\mathcal{E}_o(M_{(p)})$ étant défini de la même manière que lorsque $M_{(p)} \in \mathcal{N}$ est muni d'une topologie de Frechet-Schwartz définie de la même façon). On définit encore la transformée de Fourier d'une forme linéaire continue $T \in \mathcal{E}_o'(M_{(p)})$ par

$$\hat{T}(z) = T_x(x \longmapsto \text{Exp } i <z.x>)$$

qui est une fonction entière sur $\mathbb{C}^n$. On montre [30] que les fonctions exponentielles sont totales dans $\mathcal{E}_o(M_{(p)})$ et qu'il y a correspondant biunivoque entre $T \in \mathcal{E}_o'(M_{(p)})$ et sa transformée de Fourier $\hat{T}$.

Ainsi, prenant $M_{(p)} = (|p|!)^{\alpha}$, pour $\alpha = 1$ l'espace $\mathcal{E}_o(|p|!)$ n'est autre chose que l'espace des fonctions entières ; et pour $0 < \alpha < 1$, on obtient l'espace des fonctions entières d'ordre $\frac{1}{1-\alpha}$ et de type minimal.

Rappelons qu'une suite $h_\ell > 0$ est dite $\mathcal{E}_o(M_{(p)})$-adaptée, si pour tout $H > 0$ et tout $a \in \mathbb{R}$, il existe $H' \in \mathbb{R}$, tel que

$$\forall\, z \in \mathbb{C}^n \;,\; M(H\,z) + a\, M_h(z) \leq M(H'z)$$

Il vient

<u>Théorème III.4-1</u> : <u>Soit</u> $S \in [\varepsilon_o(M_{(p)})]'$ <u>opérant sur</u> $\mathcal{E}_o(M_{(p)})$ <u>et satisfaisant à</u>

(III.4-1)
$$\sup_{\|z\| \leq M_h(x)} |\hat{S}(x+z)| \geq \mathrm{Exp}(-M_h(x))$$

<u>où</u> h <u>est une suite</u> $\mathcal{E}_o(M_{(p)})$-<u>adaptée</u>. <u>Alors</u> S
$S^*(\mathcal{E}_o(M_{(p)})) = \mathcal{E}_o(M_{(p)})$

Dans le cas où la suite où la suite $\frac{p!}{M_{(p)}}$ est $\mathcal{E}_o(M_{(p)})$-adaptée, nous pouvons prendre alors $M_h(x) = \|x\|$, le premier membre de (III.4-1) est donc supérieur à $|\hat{S}(o)|$ que nous pouvons supposer non nul. Donc (III.4-1) est vérifié automatiquement pour toute $S \in (\mathcal{E}_o(M_{(p)}))'$, on a donc le

<u>Corollaire</u> : <u>Soit</u> $\alpha \leq 1$, <u>alors</u> $S^*(\mathcal{E}_o(p!^\alpha))$ <u>pour toute</u> $S \in (\varepsilon_o(p!^\alpha))$ (Démontré aussi par M.Martineau dans [28] p.137) (Les $S \in (\mathcal{E}_o(p!^\alpha))'$ opèrent sur $\mathcal{E}_o(p!^\alpha)$) .

<u>Démonstration du théorème III.4-1</u> : Comme $\mathcal{E}_o(M_{(p)})$ est un Frechet-Schwartz, il suffit qu'on prouve que l'application transposée est injective et à image fermée pour les suites. Il résulte donc du

<u>Lemme</u> : <u>Si une suite</u> $T_i \in [\mathcal{E}_o(M_{(p)})]'$ <u>converge vers</u> T_o , <u>on a</u> :

1) <u>Il existe</u> $H > 0$, $k > 0$ <u>et</u> $A > 0$, <u>tels que</u> $\forall\, z \in \mathbb{C}^n$

$$|\hat{T}_j(z)| \leq A\, \mathrm{Exp}(M(Hz) + k\|\mathrm{Im}\, z\|) \quad , \quad j = 0,1,\ldots$$

2) <u>$\hat{T}_j(z)$ converge vers $T_o(z)$ sur tout compact de $\mathbb{C}^n$</u> .

Car du fait que $\hat{T}_o$ est la limite des $\hat{T}_j$, $\hat{T}_o$ est divisible par $\hat{S}$ et il ne reste qu'à faire la division comme dans le cas du théorème III.1-7 pour voir que $\hat{T}_o/\hat{S}$ satisfait à une estimation du même type que les $\hat{T}_i$, et d'appliquer le théorème suivant dû à M. Neymark (cf.[30]) pour conclure

Théorème de Neymark : Si $\tilde{U}$ est une fonction entière telle que

$$|\tilde{U}(z)| \leq C \operatorname{Exp}(M(Hz) + k\|\operatorname{Im} z\|) , \quad \forall z \in \mathbb{C}^n .$$

Alors il existe $U \in [\varepsilon_0(M_{(p)},\mathbb{R}^n)]'$ unique telle que $\hat{U} = \tilde{U}$

Preuve du lemme : La suite T_i convergeant vers T_o , donc bornée, il existe alors $h > 0$, $k > 0$ tel que pour tout $f \in \mathcal{E}_o(M_{(p)},\mathbb{R}^n)$, la condition

$$\sup_{\|x\|\leq k} \sup_{(p)} \left|\frac{D^{(p)}f(x)}{h^{|p|}M_{(p)}}\right| \leq 1$$

implique $|T_j(f)| \leq A$. Il suffit dès lors de considérer les fonctions

$$x \longmapsto f_z(x) = \operatorname{Exp}(-M(\tfrac{z}{h}) - k\|\operatorname{Im} z\| + i \langle z_o x\rangle)$$

pour obtenir (1).

Pour (2), il suffit de remarquer que, quand z parcourt un compact de $\mathbb{C}^n$, l'ensemble $(x \longmapsto \operatorname{Exp} i \langle z,x\rangle)$ reste borné dans $\mathcal{E}_o(M_{(p)},\mathbb{R}^n)$.

CHAPITRE IV

LA REGULARITE INTERIEURE

§ 1 - Position du problème

Soit S une ultradistribution à support compact d'une classe $Q_{(p)} \in \mathcal{M}$. On considère les propriétés suivantes :

(R 1)a , toute $T \in \bigcup_{M_{(p)} \in \mathcal{M}} \mathcal{D}'(M_{(p)}) = \mathcal{G}$ satisfaisant à $S * T \in \mathcal{A}$ est un élément de $\mathcal{A}$ et

(R 1)b , S est $\mathcal{G}$-inversible .

(R 2) toute $T \in \mathcal{D}'(M_{(p)})$ satisfaisant à $S * T \in \mathcal{E}$ est un élément de $\mathcal{E}$.

(R 3) toute $T \in \mathcal{D}'(M_{(p)})$ satisfaisant à $S * T \in \mathcal{E}(M_{(p)})$ est un élément de $\mathcal{E}(M_{(p)})$.

Définition IV.1-1 : L'opérateur de convolution défini par S est dit elliptique analytique ((resp. $M_{(p)}$ hypoelliptique, faiblement $M_{(p)}$ hypoelliptique)) si S possède la propriété (R 1) ((resp. (R 2), (R 3)))

Nous montrerons que (R 1) $\Longrightarrow$ (R 2) $\Longrightarrow$ (R 3) et que les réciproques sont fausses .

Nous montrerons encore que si S possède la propriété (R 3), alors S est $\mathcal{G}$-inversible . Mais nous n'avons pas pu montrer que (R 1)b est une conséquence de (R 1)a .

§ 2 - Les $M_{(p)}$ hypoellipticités

1- Caractérisation : Soit $S \in \mathcal{E}'(Q_{(p)})$, nous avons le théorème suivant étendant les résultats de M. Ehrenpreis (cf. [10]) au cas des ultradistributions .

Théorème IV.2-1 : Considérons les propriétés suivantes :

(i) S est $M_{(p)}$ hypoelliptique (Resp. faiblement $M_{(p)}$ hypoelliptique)

(ii) Il existe des constantes positives A, B, C et D ((resp. A, C, D et une suite $(\gamma_\ell)_{\ell\in\mathbb{N}}$ des nombres positifs tendant vers l'infini)) telles que

(IV.2-1) pour tout $\zeta = \xi + i\eta \in \mathbb{C}^n$ satisfaisant à $\|\zeta\| \geq C$ et $\|\eta\| \leq \frac{1}{D} M^+\left(\frac{\zeta}{D}\right)$

on a

(IV. 2-2) $|\hat{S}(\zeta)| \geq \|\zeta\|^{-B} \operatorname{Exp}(-A\|\eta\|)$

((Resp. (IV.2-2') $|\hat{S}(\zeta)| \geq \operatorname{Exp}(-M_\gamma(\zeta) - A\|\eta\|)$.))

où $M^+(\zeta) = \max(M(\zeta), 0)$

(iii) Il existe une $E \in \mathcal{D}'$ ((resp. $E \in \mathcal{D}'(M_{(p)})$)) de $M_{(p)}$ Support singulier compact telle que $(S * E - \delta) \in \mathcal{A}$.

Alors on a (i) ⟹(ii) ⟹(iii) . Si on suppose que S ((resp. S et E)) opère ((opèrent)) sur $(M_{(p)})$ alors (iii) ⟹(i) .

(Dans lé cas où S est un opérateur différentiel, des résultats similaires ont étés donnés par Björck [2])

On a immédiatement le

Corollaire IV. 2-2 : Soit $S \in \mathcal{E}'(M_{(p)})$ opérant sur $\mathcal{D}(M_{(p)})$, alors si S est $M_{(p)}$ hypoelliptique, S est faiblement $M_{(p)}$ hypoelliptique. Ces deux notions de régularité coïncident si et seulement si $S^*(\mathcal{D}') \supset \mathcal{D}'$.

Démonstration du théorème :

1ère partie (i) ⟹(ii)

On raisonne par absurde . Supposons donc qu'il existe une suite $\zeta(j) = \xi(j) + i\,\eta(j) \in \mathbb{C}^n$ telle que $\forall\, j \in \mathbb{N}$

(IV.2-3) $\|\eta(j)\| \leq \frac{1}{j} M\left(\frac{\zeta(j)}{j}\right)$, $\frac{1}{2}\|\zeta(j+1)\| \geq \|\zeta(j)\| \geq j(M(\zeta(j)) + 1)$

(IV.2-4) $|\hat{S}(\zeta(j))| \leq \|\zeta(j)\|^{-j} \operatorname{Exp}(-j\,\|\eta(j)\|)$

((Resp. (IV.2-4'). Pour toute suite $(\gamma_\ell)_{\ell\in\mathbb{N}}$ tendant vers l'infini

$$|\hat{S}(\zeta(j))| \leq \operatorname{Exp}(-M_\gamma(\zeta(j)) - j\,\|\eta(j)\|).))$$

Considérons la somme infinie

(IV.2-5) $$\sum_j \operatorname{Exp}(-i <\zeta(j),x>)$$

Nous allons montrer qu'elle converge dans $\mathcal{D}'(M_{(p)})$ vers une ultradistribution, soit T, satisfaisant à $S * T \in \mathcal{E}$ ((Resp $S * T \in \mathcal{E}(M_{(p)})$)) . Nous obtenons une contradiction en prouvant $T \notin \mathcal{E}$.

(a) Pour tout $j \in \mathbb{N}$, soit $(p(j)) \in \mathbb{N}^n$ tel que

$$\|\eta(j)\| \leq \frac{1}{j} \log \left| \frac{\zeta(j)^{(p(j))}}{j^{|p(j)|} M_{(p(j))}} \right|$$

La suite $\|\zeta(j)\|$ **tendant** vers l'infini, on peut supposer que $|p(j)| \geq 2$.

Alors, soit K un compact de $\mathbb{R}^n$, posons $k = \operatorname{Max}_{x\in K} \|x\|$, on a

$$\forall\, j \geq k \,, \int_K \left| \frac{\operatorname{Exp}-i <\zeta(j),x>}{(\zeta(j)^{(p(j))})} \right| dx \leq \frac{\operatorname{Exp} k\|\eta(j)\|}{|\zeta(j)^{(p(j))}|} \left(\int_K dx\right) \leq$$

$$\leq \left(\int_K dx\right) \frac{1}{j^{|p(j)|} M_{(p(j))}}$$

(où $i = \sqrt{-1}$)

Donc, pour tout compact $K \subset \mathbb{R}^n$ et pour tout nombre $H > 0$,

$$\sum_j H^{|p(j)|} M_{(p(j))} \int_K \left| \frac{\operatorname{Exp}-i <\zeta(j),x>}{(\zeta(j)^{(p(j))})} \right| dx \leq \sum_{j<k} + \sum_{j\geq k}$$

et

$$\sum_{j\geq k} \leq \left(\int_K dx\right) \sum_{j\geq k} \frac{H^{|p(j)|} M_{(p(j))}}{j^{|p(j)|} M_{(p(j))}} = \left(\int_K dx\right) \sum_{j\geq k} \left(\frac{H}{j}\right)^{|p(j)|} < +\infty$$

Ce qui montre, d'après le théorème I. 1-3, que

$$T(x) = \sum_j D^{(p(j))} \left(\frac{\mathrm{Exp}(-i < \zeta(j), x >)}{(-i\zeta(j))^{p(j)}} \right)$$

converge dans $\mathcal{D}'(M_{(p)})$.

(b) $S * T \in \mathcal{E}$ car

$\forall (g) \in \mathbb{N}^n$, $|D^{(g)}(S * T)(x)| \leq \sum |\zeta(j)^{(g)} \hat{S}(\zeta(j)) \mathrm{Exp}(-i < \zeta(j), x >)|$

Se servant de (IV.2-4) ((Resp.(IV.2-4'))) pour estimer $\hat{S}(\zeta(j))$ et de (IV.2-2) pour estimer $|\mathrm{Exp}(-i < \zeta(j), x >)| \leq \mathrm{Exp}\ \|x\| . \|\eta(j)\|$ on obtient

$$|D^{(g)}(S * T)(x)| \leq \sum_j \left| \frac{\zeta(j)^{(g)}}{\|\zeta(j)\|^j} \right| \mathrm{Exp}\ [(\|x\| - j)\ \|\eta(j)\|]$$

Cette dernière série converge uniformément sur tout compact, d'où $S * T \in \mathcal{E}$

((Resp.

$$|D^{(g)}(S * T)(x)| \leq \sum_j |\zeta(j)^{(g)}| \mathrm{Exp}(-M_\gamma(\zeta(j)) + (\|x\| - j)\|\eta(j)\|)$$

$$\leq \gamma_{|g|}^{|g|} M_{(g)} \sum_j \mathrm{Exp}[(\|x\| - j)\ \|\eta(j)\|]$$

Ce qui prouve que $S * T \in \mathcal{E}(\gamma_{|p|}^{|p|} M_{(p)})$ pour toute $(\gamma_\ell)_{\ell \in \mathbb{N}}$ tendant vers l'infini. Donc, d'après la proposition I.2-6, $S * T \in \mathcal{E}(M_{(p)})$.))

(c) Prouvons enfin que la forme linéaire définie par T sur $\mathcal{D}(M_{(p)})$ n'est pas continue pour la topologie induite par celle de $\mathcal{E}'$; ce qui prouve que $T \notin \mathcal{E}$

Soit $N_{(p)} \in M$, sphérique, satisfaisant à $N \prec M$ i.e $\lim\limits_{|p| \to +\infty} \left(\frac{M_{(p)}}{N_{(p)}}\right)^{\frac{1}{|p|}} = +\infty$

Soit $\varphi \in \mathcal{D}(N_{(p)})$, de support dans la boule unité, telle que $\hat{\varphi}(0) = 1$ D'après le théorème I.2-11 de Paley-Wiener généralisé, on a

$$|\hat{\varphi}(z)| \leq A_0 \text{ Exp } (\|\text{Im } z\| - N(B_0 z))$$

donc, se servant de la dérivabilité de la suite $N_{(p)}$, on trouve une constante C_0 telle que

$$|\hat{\varphi}(z)| \leq \frac{C_0}{1 + \|z\|} \text{ Exp } (\|\text{Im } z\| - N(C_0 z)) \tag{IV.2-6}$$

Pour chaque $j \in \mathbb{N}$, posons $k(j) = M(\zeta(j))$ et soit $\hat{\Psi}_j(z) = j\, \hat{\varphi}\left(\frac{z-\zeta(j)}{k(j)}\right)$ qui est la transformée de Fourier de l'élément

$$\left(x \mapsto \varphi_j(x) = j\, (k(j))^n \varphi(k(j)x) \text{ Exp}(-\, i < \zeta(j), x >)\right) \text{ de}$$

$\mathcal{D}(M_{(p)})$. Nous allons montrer que la suite $(\Psi_j)_{j \in \mathbb{N}}$ est bornée dans $\mathcal{E}'$ et que $|T(\Psi_j)|$ tend vers l'infini. En effet, de (IV.2-6), on a <u>a fortiori</u>

$$|\Psi_j(z)| \leq \frac{C_0\, j}{1 + \left\| \frac{z-\zeta(j)}{k(j)} \right\|} \text{ Exp } \frac{\|\text{Im}(z-\zeta(j))\|}{k(j)}$$

$$\leq \frac{C_0\, j\, k(j)}{1 + \|z-\zeta(j)\|} \text{ Exp } \left(\|\text{Im } z\| + \frac{\|\eta(j)\|}{k(j)}\right)$$

De (IV.2-3), on a $\frac{\|\eta(j)\|}{k(j)} \leq 1$ et $\frac{C_0\, j\, k(j)}{1+ \|z-\zeta(j)\|} \leq 2\, C_0(1 + \|z\|)$ car

si $\|z-\zeta(j)\| \geq \left\| \frac{\zeta(j)}{2} \right\|$, on a $\frac{j\, k(j)}{1 + \|z-\zeta(j)\|} \leq \frac{2j\, k(j)}{\|\zeta(j)\|} \leq 2$ et si $\|z-\zeta(j)\| \leq \left\| \frac{\zeta(j)}{2} \right\|$, on a $\|z\| \geq \left\|\frac{\zeta(j)}{2}\right\|$ d'où

$$\frac{j\, k(j)}{1 + \|z-\zeta(j)\|} \leq j\, k(j) \leq \|\zeta(j)\| \leq 2\, \|z\|$$

En résumé :

$$\forall\, j \in \mathbb{N}\ ,\quad \forall\, z \in \mathbb{C}^n\ ,\quad |\hat{\Psi}_j(z)| \leq 2eC_o(1+\|z\|)\ \text{Exp}\ \|\text{Im}\ z\|$$

ce qui prouve que la suite $(\Psi_j)_{j\in\mathbb{N}}$ est bornée dans $\mathcal{E}'$. Toujours de (IV.2-6), on obtient

$$|\hat{\Psi}_j(\zeta(m))| \leq \frac{C_o\ j\ k(j)}{1+\|\zeta(j)-\zeta(m)\|}\ \text{Exp}\left(\frac{\|\text{Im}\ \zeta(j)-\text{Im}\ \zeta(m)\|}{k(j)} - N(C_o\ \frac{\zeta(j)-\zeta(m)}{k(j)})\right)$$

Nous allons estimer cette dernière expression .

De (IV.2-3), on a

$$\text{(IV.2-7)}\qquad \frac{\|\text{Im}(\zeta(j)-\zeta(m)\|}{k(j)} \leq \frac{\|\eta(j)\|+\|\eta(m)\|}{k(j)} \leq 1+\|\eta(m)\|\leq 1+\frac{1}{m}\ M\ (\frac{\zeta(m)}{m})$$

$$\text{et}\qquad \|\zeta(j)-\zeta(m)\| \geq \sup\left(\|\frac{\zeta(m)}{2}\|,\ \|\frac{\zeta(j)}{2}\|\right) \geq j\ k(j)/2$$

L'inégalité (IV.2-7), jointe à la condition de sphéricité de $N_{(p)}$ montre qu'il existe une constante D_o telle que pour tout couple de nombres (j,m), $j \neq m$, on a

$$N(C_o\ \frac{\zeta(j)-\zeta(m)}{k(j)}) \geq N(D_o\ \zeta(m))$$

Donc

$$\sum_{m,\, j\neq m} |\hat{\Psi}_j(\zeta(m))| \leq 2e\ C_o \sum_m \text{Exp}\ (\frac{1}{m}\ M(\frac{\zeta(m)}{m}) - N(D_o\zeta(m))) = A_1 < +\infty$$

où la constante A_1 ne dépend pas de j. Ce qui prouve que

$$|T(\Psi_j)| \geq |\hat{\Psi}_j(\zeta(j))| - \sum_{m,\, m\neq j} |\hat{\Psi}_j(\zeta(m))| \geq j - A_1 .$$

c.q.f.d.

<u>2ème partie (ii) ⟹ (iii)</u> . Pour chaque $\varphi \in \mathcal{D}(M_{(p)})$, considérons l'intégrale

$$\text{(IV.2-8)}\qquad E(\varphi) = (\frac{1}{2\pi})^n \int_{\|\xi\|\geq c} \frac{\hat{\varphi}(-\xi)}{\hat{S}(\xi)}\ d\xi$$

qui, compte tenu de (IV.2-2) ((Resp. (IV.2-2').)), est convergente et reste bornée si φ parcourt un ensemble $\mathcal{B}$, tel qu'il existe une constante A_o ((Resp. des constantes A_o et H_o .)) telle que

$$\forall \Psi \in \mathcal{B}, \quad |\hat{\Psi}(\xi)| \leq A_o(1 + \|\xi\|)^{-(B+n+1)}$$

((Resp. $\forall \Psi \in \mathcal{B}, \quad |\hat{\Psi}(\xi)| \leq A_o \operatorname{Exp}(-M(H_o\xi))$.))

Ce qui prouve que E se prolonge par continuité en un élément de $\mathcal{D}'$ ((Resp. E définit un élément de $\mathcal{D}'(M_{(p)})$.)). On a immédiatement

$$(\delta - S * E) = \frac{1}{(2\pi)^n} \int_{\|\xi\| \leq C} \operatorname{Exp}(-i <x, \xi>) d\xi \in \mathcal{A}$$

Prouvons que le $M_{(p)}$-support singulier de E est contenu dans la boule centrée en 0, de rayon $A + 2D$, donc compact. (Nous avons supposé que D est assez grand pour que $\|\xi\| \leq C \Longrightarrow M^+(\frac{\xi}{D}) \leq 0$) ; soit en effet $x_o \in \mathbb{R}^n$, $\|x_o\| > A + 2D$, il existe alors $\eta_o \in \mathbb{R}^n$ de norme 1 avec $<x_o, \eta_o> < -(A+2D)$. Soit U un voisinage ouvert convexe relativement compact de x_o contenu dans le demi espace $\{x \mid <x, \eta_o> \leq -(A + 2D)\}$. Alors, pour toute $\varphi \in \mathcal{D}(M_{(p)}, U)$ et tout $\zeta = \xi + i\eta$, avec $\|\eta\| \leq \frac{1}{D} M^+(\frac{\xi}{D})$ et $\|\xi\| \geq C$, on a, d'après le théorème de Paley-Wiener et l'inégalité (IV.2-2') (Remarquer que (IV.2-2) implique (IV.2-2'))

$$|\hat{\varphi}(\zeta)/\hat{S}(\zeta)| \leq A_o \operatorname{Exp}(-M(H_o\xi) + H_U(\zeta) + M_\gamma(\zeta) + A\|\eta\|)$$

où A_o et H_o sont des constantes dépendant de φ et où H_U désigne la fonction d'appui du compact $\overline{U}$. Compte tenu de $\|\eta\| \leq \frac{1}{D} M^+(\frac{\xi}{D})$ et du choix de U . On peut majorer la dernière quantité par

$$A_o \operatorname{Exp}\left[- M(H_o\xi) - \frac{A}{D} M^+(\frac{\xi}{D}) - 2 M^+(\frac{\xi}{D}) + M_\gamma(\zeta) + \frac{A}{D} M^+(\frac{\xi}{D})\right]$$

Soit <u>a fortiori</u>

$$\text{(IV.2-9)} \qquad \left| \frac{\hat{\varphi}(\zeta)}{\hat{S}(\zeta)} \right| \leq A_o \operatorname{Exp}\left[- 2M^+(\frac{\xi}{D}) + M_\gamma(\zeta)\right]$$

Soit Γ la variété dans $\mathbb{C}^n$, image du complémentaire (dans $\mathbb{R}^n$) de la boule(dans $\mathbb{R}^n$) centré en 0, de rayon C par l'application

$$\xi \longmapsto \xi + \sqrt{-1}\ (\frac{1}{D} \overset{+}{M}(\frac{\xi}{D}))\ \eta_o$$

Par suite de l'analyticité de $\hat{\varphi}/\hat{S}$ dans $\{\zeta \in \mathbb{C}^n \,|\, \|\zeta + i\eta\| \geq C$ et $\|\eta\| \leq \frac{1}{D} M(\frac{\xi}{D})\}$ et de l'estimation (IV.2-9) sur la croissance de cette fonction, on peut déformer la variété d'intégration :

Soit

$$E(\varphi) = (\frac{1}{2\pi})^n \int_{\|\xi\| \geq C} \frac{\hat{\varphi}(-\xi)}{\hat{S}(\xi)}\, d\xi = (\frac{1}{2\pi})^n \int_{\zeta \in \Gamma} \frac{\hat{\varphi}(-\zeta)}{\hat{S}(\zeta)}\, d\zeta$$

Considérons l'espace vectoriel $E(M_{(p)}, U) = \bigcup_{H>0} \mathcal{E}(M_{(p)}, U, H)$ muni de la topologie limite inductive par les applications naturelles de $\mathcal{E}(M_{(p)}, U, H)$ dans $E(M_{(p)} U)$. C'est un espace de Schwartz complet, donc réflexif. Nous allons montrer que la forme linéaire E définie sur $\mathcal{D}(M_{(p)})U)$ se prolonge par continuité à $[E(M_{(p)}, U)]'$, ce qui montrera que la restriction de E à U est une fonction de la classe $M_{(p)}$. Pour voir que E se prolonge, on considère dans $[E(M_{(p)})U)]'$, le voisinage de zéro $\mathcal{W}$ défini par

$$T \in \mathcal{W} \Longleftrightarrow |\hat{T}(\zeta)| \leq B_o \operatorname{Exp}\,(H_u(\zeta) + M\,(\frac{\operatorname{Re}\zeta}{D}))$$

D'où, en refaisant le calcul de (IV.2-9), on a encore

$$\operatorname*{Sup}_{T \in \mathcal{W} \cap \mathcal{D}(M_{(p)})} \left| \int_{\zeta \in \Gamma} \frac{\hat{T}(-\zeta)}{\hat{S}(\zeta)}\, d\zeta \right| < +\infty$$

Donc E se prolonge à $[E(M_{(p)}, U)]'$. c.q.f.d

<u>3ème partie (iii) $\Longrightarrow$(i)</u> <u>A l'aide des hypothèses supplémentaires.</u> (Il suffit d'ailleurs de supposer que $S * E - \delta \in \mathcal{E}(M_{(p)})$). Soit $\alpha \in \mathcal{D}(M_{(p)})$

identique à un, sur le support $M_{(p)}$-singulier de E. Puisque S opère sur $\mathcal{D}(M_{(p)})$, on voit que $S * (1-\alpha) E$ appartient à $\mathcal{E}(M_{(p)})$. Par suite $w = \delta - S * \alpha E = (\delta - S * E) + S *(1 - \alpha) E$ appartient aussi à $\mathcal{E}(M_{(p)})$.
Ceci étant, soit $T \in \mathcal{D}'(M_{(p)})$ avec $S * T \in \mathcal{E}$ (resp. $S * T \in \mathcal{E}(M_{(p)})$).
Pour montrer que $T \in \mathcal{E}$ (res. $T \in \mathcal{E}(M_{(p)})$), nous allons tronquer T .
De manière précise, désignons par $\mathcal{B}(r)$, la boule dans $\mathbb{R}^n$ de centre 0, de rayon r . Supposons que le support de S est contenu dans $\mathcal{B}(s)$ et celui de αE dans $\mathcal{B}(a)$. Soit $\beta \in \mathcal{D}(M_{(p)})$ identique à un, sur $\mathcal{B}(r)$ où $r > s + a$. Alors la restriction de $(\beta T * S) * \alpha E$ à $\mathcal{B}(r-s-a)$ ne dépend que de la valeur de $\beta T * S$ sur (r-s) et cette dernière valeur coïncide (toujours sur $\mathcal{B}(r-s)$) avec celle de $T * S$. Donc la restriction de $(\beta T * S) * \alpha E$ à $\mathcal{B}(r-s-a)$ appartient à $\mathcal{E}(\mathcal{B}(r-s-a))$ (resp. $\mathcal{E}(M_{(p)}, \mathcal{B}(r-s-a))$) comme

$$\beta T = \beta T * (w - S * \alpha E) = \beta T * w - (\beta T * S) * \alpha E$$

La suite $M_{(p)}$ étant dérivable, $\beta T \in \mathcal{D}'(M_{(p)})$ et $w \in \mathcal{E}(M_{(p)})$ entraîne que $\beta T * w \in \mathcal{E}(M_{(p)})$. Donc la restriction de βT à $\mathcal{B}(r-s-a)$, qui coïncide avec celle de T, est indéfiniment différentiable. Le résultat suit en faisant tendre r vers l'infini.
(Dans le cas de la $M_{(p)}$-hypoellipticité faible. Par le raisonnement précédent on voit que $T \in \mathcal{E}$. Mais alors, en itérant le calcul, on a cette fois-ci $\beta T * w \in \mathcal{E}(M_{(p)})$ puisque $w \in \mathcal{E}(M_{(p)})$ et $\beta T \in \mathcal{E}$, d'où la conclusion).

Cette méthode n'est qu'une extension des raisonnements du livre de M. Schwartz (cf. [34])

<u>Remarque 1 :</u> Le même raisonnement permet de prouver que s'il existe $E \in \mathcal{D}'(Q_{(p)})$ analytique en dehors d'un compact et telle que $S * E - \delta \in \mathcal{A}$, alors S possède la propriété de régularité (R 1) a .

Remarque 2 : Toujours par la méthode de tronquature, on voit que si S opérant sur $\mathcal{D}(M_{(p)})$, est $M_{(p)}$ hypoelliptique, alors S possède la propriété de régularité suivante :

(R 4) Toute $T \in \mathcal{D}'(M_{(p)})$ telle que $S * T \in \mathcal{D}'$ appartient à $\mathcal{D}'$

En particulier, la solution élémentaire d'un opérateur $M_{(p)}$ hypoelliptique est une distribution. Ceci implique que si S est $M_{(p)}$ hypoelliptique alors $S \notin \mathcal{D}$. Donc la fonction $\varphi \in \mathcal{D}$ inversible dans $\mathcal{S}$, construite au chapitre III. § 3, qui possède la propriété de régularité (R 3), ne peut vérifier (R 2).

Remarque 3 : M. Schwartz a montré (cf. [34] remarque qui suite le théorème XXIV) que si $T \in \mathcal{D}'$ et $T \notin \mathcal{E}(M_{(p)})$, alors il existe une fonction $\alpha \in \mathcal{D}$ telle que $T * \alpha \in \mathcal{E}$ et que $T * \alpha \notin \mathcal{E}(M_{(p)})$. On peut penser à la situation analogue suivante : Si $T \in \mathcal{D}'(M_{(p)})$ avec $T \notin \mathcal{D}'$, alors il existe $\alpha \in \mathcal{D}$ telle que $\alpha * T \in \mathcal{D}'$ mais $\alpha * T \notin \mathcal{E}$. Malheureusement, cette assertion, notée (A), est fausse. C'est-à-dire, il existe $T \in \mathcal{D}'(M_{(p)})$ mais $T \notin \mathcal{D}'$ telle que l'on a $\alpha \in \mathcal{D}$, $\alpha * T \in \mathcal{D}'$ implique $\alpha * T \in \mathcal{E}$. Pour voir que l'assertion (A) est fausse. Considérons la propriété suivante, S étant toujours une ultradistribution à support compact donnée.

(R 5) toute $T \in \mathcal{D}'$ telle que $S * T \in \mathcal{E}$ appartient à $\mathcal{E}$

Si (A) est vraie, il est immédiat que la régularité (R 5) impliquerait la régularité (R 2). Le contre exemple suivant montre qu'il n'en est rien. Considérons pour cet effet, un opérateur différentiel S (à coefficients constants) hypoelliptique (au sens de Hörmander-Schwartz) mais non elliptique analytique. L'opérateur S vérifie alors (R 5), mais non (R 2) pour une certaine classe $M_{(p)} \in \mathcal{M}$, d'après la proposition IV. 2-3 qui suit.

Remarque 4 : Considérons les propriétés suivantes :

(i) Toute $T \in \mathcal{D}'(M_{(p)})$ satisfaisant à $S * T \in \mathcal{E}_o(M_{(p)})$ appartient à $\mathcal{E}_o(M_{(p)})$

(ii) Pour tout nombre $H > 0$, il existe des constantes positives A, B et C telles que pour tout $z = \xi + i\eta \in \mathbb{C}^n$ satisfaisant à $\|\eta\| \leq \frac{1}{a} M(\frac{\xi}{A})$ et $\|z\| \geq C$, on a

$$|\hat{S}(z)| \geq \mathrm{Exp}\,(-B\|\eta\| - M(H\xi))$$

(iii) Il existe une solution élémentaire $E \in \mathcal{D}'(M_{(p)})$ qui, en dehors d'un compact est une fonction appartenant à $\mathcal{E}_o(M_{(p)})$.

On peut montrer de la même façon que dans le théorème IV.2-1, que (i) $\Longrightarrow$(ii) $\Longrightarrow$(iii). Et si on suppose que S et E opèrent sur $\mathcal{D}(M_{(p)})$ alors (ii) $\Longrightarrow$(i).

2 - Le support $M_{(p)}$-singulier de la solution élémentaire d'un opérateur faiblement $M_{(p)}$ hypoelliptique :

Soit S un tel opérateur et soit E une solution élémentaire de S. Notons par $\underline{\underline{E}}$ (resp. $\underline{\underline{S}}$) le support $M_{(p)}$-singulier de E (resp. de S). Si $\alpha \in \mathcal{D}(M_{(p)})$ est identique à un, sur $\underline{\underline{E}}$. On a $S*(1-\alpha)E \in \mathcal{E}(M_{(p)})$. Appliquons la remarque qui suit le théorème III.3-3. Il vient la

Proposition IV.2-2 : *Pour toute solution élémentaire E d'un opérateur faiblement $M_{(p)}$- hypoelliptique S, on a*

$$\forall\, m > 1 \qquad \Gamma(\underline{\underline{E}}) \subset \frac{2}{m-1}\, \Gamma(\underline{\underline{S}}) + \mathcal{B}(m,s)$$

où $\mathcal{B}(m,s)$ désigne la boule dans R^n, centrée en 0 de rayon $\frac{2m}{m-1} \underset{x \in S}{\mathrm{Max}} \|x\|$ et où $\Gamma(K)$ désigne l'enveloppe convexe de l'ensemble K.

On voit donc que si S est faiblement $M_{(p)}$ hypoelliptique pour toutes les classes $M_{(p)}$, sa solution élémentaire est analytique en dehors du compact

$\left(\frac{2}{m-1}\Gamma(\underline{\underline{S}}) + \mathcal{B}(m,s)\right)$ d'où

Proposition IV.2-3 : Si l'opérateur S est faiblement $M_{(p)}$ hypoelliptique pour toutes les classes $M_{(p)} \in \mathcal{M}$, S est elliptique analytique .

§ 3 - Opérateur elliptique analytique et la régularité universelle

1 - Opérateur elliptique-analytique : On a le théorème de caractérisation suivant qui se démontre de la même façon que le théorème IV.2-1 .

Théorème IV.3-1 : Soit S une ultradistribution à support compact . Considérons les propriétés suivantes :

(i) L'opérateur de convolution défini par S vérifie (R 1) a

(ii) Il existe une constante $A > 0$ telle que $\forall \zeta = \xi + i\eta \in \mathbb{C}^n$ satisfaisant à $\|\zeta\| \geq A$ et $\hat{S}(\zeta) = 0$, on a $\|\eta\| \geq \frac{1}{A}\|\xi\|$

(iii) Il existe une constante B et une suite $Q_{(p)} \in \mathcal{M}$ telles que $\forall \zeta = \xi + i\eta \in \mathbb{C}^n$ satisfaisant à $\|\zeta\| \geq B$ et $\|\eta\| \leq \frac{1}{B}\|\xi\|$ on a

(IV.3-1) $$|S(\zeta)| \geq \frac{1}{B} \operatorname{Exp}(-Q(\xi) - B\|\eta\|)$$

(iv) Il existe une solution élémentaire $E \in \bigcup_{M \in \mathcal{M}} \mathcal{D}'(M_{(p)})$ de l'opérateur S , qui est analytique en dehors d'un compact.

(v) L'opérateur S est elliptique-analytique

On a alors (i) ⟹ (ii) et (iii), (iv), (v) sont équivalentes. Si on suppose que S est $\mathcal{S}$-inversible alors (ii) ⟹ (iii) .

Montrons que (ii) ⟹ (iii) quand S est $\mathcal{S}$-inversible, c'est-à-dire quand il existe une suite $M_{(p)} \in \mathcal{M}$ qu'on peut supposer sphérique et des constantes positives A_o et B_o telles que

(IV.3-2) $$\forall \xi \in \mathbb{R}^n , \sup_{\|\xi'\| \leq M(\xi)} |\hat{S}(\xi+\xi')| \geq A \operatorname{Exp}(-M(\xi)) .$$

(IV.3-3) $\forall\, \zeta = \xi + i\eta \in \mathbb{C}^n$, $|\hat{S}(\zeta)| \leq B_o \ \mathrm{Exp}\,(M(\zeta) + B_o\|\eta\|)$

Nous allons montrer qu'il existe des constantes positives A_1, B_1, C_1 et D_1 telles que pour tout $\zeta = \xi + i\eta \in \mathbb{C}^n$ avec $\|\zeta\| \geq 4A$ et $\|\eta\| \leq \frac{1}{4A}\|\xi\|$, on a

(IV.3-4) $|\hat{S}(\zeta)| \geq A_1 \ \mathrm{Exp}\,(-B_1 M(C_1\xi) - D_1\|\eta\|)$

Donc, avec une suite $Q_{(p)} \in \mathcal{M}$, très régulière telle que $\lim\limits_{|p|\to+\infty} \left(\frac{Q_{(p)}}{M_{(p)}}\right)^{\frac{1}{|p|}} = 0$

on a alors $B_1 M(C_1\xi) \leq Q(\xi)$ et (ii)' en résulte .

Soit donc $\zeta = \xi + i\eta \in \mathbb{C}^n$, satisfaisant à $\|\zeta\| \geq 4\,A$ et $\|\eta\| \leq \frac{1}{4A}\|\xi\|$. Nous supposons que A est assez grand pour que $M(\xi) \leq \frac{1}{2}\|\xi\|$ (C'est possible, car $\lim\limits_{\|\xi\|\to\infty} \frac{M(\xi)}{\|\xi\|} = 0$). A un tel ζ, correspond d'après (IV.3-2) un $\xi_o \in \mathbb{R}^n$ avec $\|\xi_o\| \leq M(\xi)$ et $|\hat{S}(\xi + \xi_o)| \geq A_o \ \mathrm{Exp}\,(-M(\xi))$. Alors la fonction d'une variable complexe $\lambda \longmapsto g(\lambda) = \hat{S}(\zeta + \lambda(\xi_o - i\eta)$ est visiblement différente de zéro dans le disque $|\lambda| \leq \frac{1}{2}$. Nous pouvons donc appliquer le théorème II.2-1 à la fonction g avec $\lambda_o = 1$ et $\eta < \frac{1}{48}$, d'où

(IV.3-5) $$|g(o)| \geq |g(1)|^{3(H+1)} \Big/ \sup_{|\lambda| \leq \frac{1}{2}} |g(\lambda)|^2 . \sup_{|\lambda| \leq 3e} |g(\lambda)|^{3H}$$

avec $H = H(\eta) = 2 + \mathrm{Log}\,\frac{3e}{2\eta}$

Mais du principe du module maximum, on a

$$\sup_{|\lambda| \leq 3e} |g(\lambda)|^{3H} . \sup_{|\lambda| \leq \frac{1}{2}} |g(\lambda)|^2 \leq \sup_{\|\zeta'\| \leq 3e(M(\xi) + \|\eta\|)} |S(\zeta+\zeta')|^{3H+2}$$

et de (IV.3-3), on a

$$\sup_{\|\zeta'\| \leq 3e(\dots)} |\hat{S}(\zeta+\zeta')| \leq B_o\,[\mathrm{Exp}\, B_o(\|\eta\| + 3e(M(\xi) + \|\eta\|))] \sup_{\|\xi'\| \leq 3e(\dots)} (\mathrm{Exp} M(\xi+\xi'))$$

De la condition de sphéricité, on a

$$\sup_{\|\xi'\| \leq 3e(\dots)} \mathrm{Exp}\, M(\xi+\xi') \leq C_o \ \mathrm{Exp}\, M(C_o\,\xi)$$

Donc (IV.3-5) donne (IV.3-4) avec

$$A_1 = A_o^{3H+3} \left(\frac{1}{C_o B_o}\right)^{3H+2}$$

$$B_1 = (3H + 3) + (3H + 2)(1 + 3e\, B_o)$$

$$C_1 = C_o \quad \text{et} \quad D_1 = B_o(1 + 3e)(3H + 2)$$

c.q.f.d.

2. La régularité universelle

__Proposition IV.3-2 - Soit__ $E \in \mathcal{D}'(M_{(p)})$ __analytique en dehors d'un compact tel qu'il existe__ $S \in \mathcal{E}'(M_{(p)})$ __avec__ $S * E = \delta$, __alors__ $E \in \mathcal{D}'$.

__Démonstration__ : Nous allons montrer, que sous ces conditions, l'ultradistribution S définit un opérateur de convolution $M_{(p)}$ hypoelliptique. Par suite, on a $E \in \mathcal{D}'$ d'après la remarque 3 qui suit le théorème IV.2-1 .

Posons $M_\ell^* = \inf\limits_{|p|=\ell} M_{(p)}$ et $m_\ell = \dfrac{M_\ell^*}{M_{\ell-1}^*}$. Désignons par $\mathcal{P}_M$, l'ensemble des ultradistributions P de support compact admettant une transformée de Fourier de la forme suivante :

$$\hat{P}(z) = \prod_{j=1}^{\infty} \left(1 + \frac{z_1^2 + \dots + z_n^2}{b_j^2}\right) \quad \text{où} \quad b_j \geq m_j .$$

(La fonction $z \longmapsto \hat{P}(z)$ est donc entière de type exponentiel zéro). Un tel opérateur est elliptique analytique. En effet la partie réelle de $(z_1^2 + \dots + z_n^2)$ est positive pour tout $z = x + iy$ avec $\|y\| \leq \|x\|$ donc

$$\hat{P}(x + iy) \neq 0 \quad \text{si} \quad \|y\| \leq \|x\|$$

Comme, d'autre part $\hat{P}(x) \geq 1$ pour tout $x \in \mathbb{R}^n$, P est $\mathcal{S}$-inversible. Donc P est ellipitque-analytique d'après le théorème IV.3-1 . La solution élémentaire d'un tel opérateur est même une fonction de $\mathcal{E}(M_{(p)})$. (cf. Roumieu [32] p. 186).

Nous allons montrer maintenant que, quel que soit $P \in \mathcal{P}_M$, l'opérateur $P * S$ est $M_{(p)}$ hypoelliptique. Pour cela, considérons $\alpha \in \mathcal{D}$, identique à un sur l'ensemble K, hors duquel E est supposé analytique et telle que $S * \alpha \in \mathcal{D}(M_{(p)})$. Donc $S *(1-\alpha) E = \delta - S * \alpha E \in \mathcal{E}(M_{(p)})$. D'où, si T est une solution élémentaire de P, on a

$$(P * S) * (\alpha E * T) = \delta - S *(1-\alpha) E .$$

Avec $\alpha E * T \in \mathcal{D}'$ et $S *(1-\alpha) E \in \mathcal{E}(M_{(p)})$, donc, $P * S$ est $M_{(p)}$ hypoelliptique.

Montrons enfin par absurde que S est $M_{(p)}$ hypoelliptique. Notons d'abord que pour toute $f \in \mathcal{E}$, il existe un opérateur $P \in \mathcal{P}_M$ tel que $P * f \in \mathcal{E}$.

Il suffit de poser $A_\ell = \sup_{\|x\| \leq \ell} \sup_{\alpha \leq \ell} |\Delta^\alpha f(x)|^{1/2}$ et de prendre $b_\ell \geq \operatorname{Max}\left(m_\ell, \frac{\ell ! A_\ell}{A_{\ell-1}}\right)$ (cf. la construction de P dans la démonstration du théorème III.2-6). Donc, si S n'est pas $M_{(p)}$ hypoelliptique, il existe alors une $T \in \mathcal{D}'(M_{(p)})$ n'appartenant pas à $\mathcal{E}$ avec $S * T \in \mathcal{E}$. Donc si $P \in \mathcal{P}_M$ avec $P *(S * T) \in \mathcal{E}$ qui prouve que l'opérateur $P * S$ n'est pas $M_{(p)}$ hypoelliptique. Donc contradiction.

Nous avons montré le

Théorème IV.3-3 : Les conditions suivantes sont équivalentes

1. L'opérateur S est elliptique-analytique
2. L'opérateur S est $M_{(p)}$ hypoelliptique pour toute suite $M_{(p)} \in \mathcal{M}$
3. L'opérateur S est faiblement $M_{(p)}$ hypoelliptique pour toute suite $M_{(p)} \in \mathcal{M}$.
4. L'opérateur S possède une solution élémentaire $E \in \mathcal{D}'$ qui est analytique en dehors d'un compact .

Remarque : On ne peut espérer que S soit un opérateur différentiel d'ordre fini ou infini. M. Roumieu a construit (cf. [32]) en effet, une ultradistribution de support l'origine qui n'est pas une somme convergente (dans aucun $\mathcal{D}'(M_{(p)})$) de dérivées de la mesure de Dirac, et il est facile de voir que cette distribution définit un opérateur de convolution elliptique-analytique.

3. Une caractérisation des fonctions analytiques : En relation avec les équations de convolution, M. Schwartz a donné (dans son livre, cf [34] théorème XXIV) la caractérisation suivante des fonctions analytiques : Soit $T \in \mathcal{D}'$, pour que $T \in \mathcal{A}$ il faut et il suffit que $T * \alpha \in \mathcal{A}$ pour tout $\alpha \in \mathcal{D}$.
Nous voulons prouver que T est analytique, si et seulement si $P * T \in \mathcal{D}'$ pour tout opérateur différentiel d'ordre infini P de la forme :

$$P(D) = \sum \frac{D^{(p)}}{M_{(p)}} \quad \text{où} \quad M_{(p)} \in \mathcal{M}.$$

Nous noterons P_M pour expliciter que l'opérateur est associé à la suite $M_{(p)} \in \mathcal{M}$. Si nous désignons par $D(P)$ l'espace vectoriel des distributions T telles que $P * T \in \mathcal{D}'$, on a le

Théorème IV.3-4 : $\bigcap_{M \in \mathcal{M}} D(P_M) = \mathcal{A}$

Démonstration : Si $T \in \mathcal{A}$, on a évidemment $P_M * T \in \mathcal{A}$, $\forall\ M_{(p)} \in \mathcal{M}$.
Donc $\mathcal{A} \subset \bigcap_{M \in \mathcal{M}} D(P_M)$. Pour la réciproque, nous allons prouver d'abord que si $T \in D(P_N)$ et si $Q_{(p)} \in \mathcal{M}$ est telle que $\sum_{(p)} \gamma^{|p|} \frac{N_{(p)}}{Q_{(p)}} < +\infty$, pour tout $\gamma > 0$, alors pour tout opérateur différentiel de la forme

$$Q(D) = \sum_{(p)} a_{(p)} D^{(p)} \quad \text{où} \quad \overline{\lim_{|p|\to+\infty}} (Q_{(p)} |a_{(p)}|)^{\frac{1}{|p|}} < +\infty$$

et toute fonction $\alpha \in \mathcal{E}(N_{(p)})$, on a $\alpha T \in D(Q)$. En particulier $T \in D(Q)$. Pour cela, nous allons appliquer la formule de Leibniz-Hörmander généralisée, à

$$Q(D)\ (\alpha\ T) = \sum_{(p)} (\sqrt{-1})^{|p|} (D^{(p)}\alpha)\ (\frac{Q^{(p)}T}{(p)!})\ , \qquad i = \sqrt{-1}\ !$$

et démontrer que cette somme converge dans $\mathcal{D}'$; il suffit même qu'elle converge pour la topologie faible. Soit donc $\varphi \in \mathcal{D}$ donné, il s'agit d'estimer

$$(IV.3\text{-}6) \quad \left| \sum_{(p)} < \frac{Q^{(p)}T}{(p)!}, (\sqrt{-1})^{|p|} \varphi D^{(p)}\alpha > \right|$$

$$\leq \left(\sum_{(g),(g)\geq(p)} \left| \frac{(g)!}{(p)!(g-p)!} a_{(g)} < D^{(g-p)}T, \varphi\ D^{(p)}\alpha > \right| \right)$$

où $<, >$ désigne l'accouplement dans la dualité $\mathcal{D}$ et $\mathcal{D}'$.

Soit K le support de φ , la fonction α appartenant à $\mathcal{E}(N_{(p)})$, il existe des constantes B_o et k_o telles que

$$\forall\ (p) \in \mathbb{N}^n \qquad \sup_{x\ \in K} |D^{(p)}\alpha(x)| \leq B_o\ k_o^{|p|}\ N_{(p)}$$

L'ensemble $\mathcal{B} = \left(\frac{\varphi\ D^{(p)}\alpha}{k_o^{|p|} N_{(p)}} \right)_{(p)\ \in \mathbb{N}^n}$ est donc borné dans $\mathcal{D}$. Comme $T \in D(P_N)$ on a

$$\sup_{\psi \in \mathcal{B}}\ \sup_{(p)} \frac{<D^{(p)}T, \psi >}{N_{(p)}} = A_o < +\infty$$

Donc le second membre de (IV.3-6) est majoré par

$$\sum_{(p)}\Big(\sum_{(g),(g)\geq(p)} n^{|g|}\,|a_{(g)}|\,A_o\,k_o^{|p|}\,N_{(p)}N_{(g-p)}\Big)$$

(où n est la dimension de l'espace) . Puisque $N_{(p)} \in \mathcal{K}$, il existe des constantes C_o et h_o telles que

$$N_{(p)}\,N_{(g-p)} \leq C_o\,h_o^{|g|}\,N_{(g)}$$

de sorte qu'on peut majorer (IV.3-6) par

$$A_oC_o \sum_{(p)} k_o^{|p|}\Big(\sum_{(g),(g)\geq(p)} (n\,h_o)^{|g|}\,|a_{(g)}|N_{(g)}\Big) \leq$$

$$\leq A_o\,C_o \sum_{(p)} \left(\tfrac{1}{2}\right)^{|p|}\Big(\sum_{(g)} (2\,n\,h_ok_o)^{|g|}\,|a_{(g)}|N_{(g)}\Big)$$

donc bornée. Ce qui prouve que $\alpha\,T \in D(Q)$. Achevons notre démonstration par l'absurde. Soit donc $T \in \cap\, D(P_M)$, mais $T \notin \mathcal{Q}$. D'après le théorème de Bang-Mandelbrojt, il existe donc une suite $M_{(p)} \in \mathcal{M}$ qu'on peut supposer $M_{(g)} = M_{(p)}$ pour tout $|p| = |g|$, et un ouvert relativement compact U tels que la restriction de T à U n'appartient pas à $\mathcal{E}(M_{(p)}, U)$. Considérons alors l'ultradistribution P telle que

$$\hat{P}(z) = \sum_{(p)} \frac{(z_1^2 + \dots + z_n^2)^{|p|}}{M_{(p)}^{\,2}}$$

qui est un opérateur différentiel d'ordre infini de la forme Q(D) .

Si $\alpha \in \mathcal{E}(N_{(p)})$, on a $\alpha\,T \in D(P)$. Prenons pour α une fonction à support compact identique à un sur $\overline{U}$. Comme pour tout $x \in \mathbb{R}^n$

$$\hat{P}(x) \geq \sup_{(p)} \frac{\|x\|^{2|p|}}{M_{(p)}^{\,2}} = \operatorname{Exp}\,2\,M\,(\|x\|, \dots, \|x\|) \geq \operatorname{Exp}\,2\,M(x)$$

De $P(\alpha T) \in \mathcal{E}'$, on déduit qu'il existe $H_0 > 0$ tel que :

$$|\hat{P}(x)\ (\alpha \hat{T})\ (x)| \leq H_0(1 + \|x\|)^{H_0}$$

Par division, il résulte que :

$$|(\alpha \hat{T})\ (x)| \leq H_0(1 + \|x\|)^{H_0} \operatorname{Exp}\left(-2\ M(x)\right)$$. Ce qui, d'après le théorème de Paley-Wiener, montre que $\alpha\ T \in \mathcal{D}(M_{(p)})$.

D'où contradiction, ce qui prouve le théorème . c.q.f.d.

Ces résultats ont été annoncés dans une note aux C.R. Acad. Sci. Paris [t.260 (1965), pp. 4397 à 4399].

Pour le cas des opérateurs différentiels aux dérivées partielles ordinaires, notre théorème IV.3-3 a été retrouvé ultérieurement par MM. Bjork [2] et Harvey [13] .

CHAPITRE V

OPERATEUR HYPERBOLIQUE

§ 1 - Les opérateurs hyperboliques

1 - Nous considérons dans ce chapitre des ultradistributions et des fonctions définies sur $\mathbb{R}^n \times \mathbb{R}$, dont les variables sont notées par (x,t), $x = (x_1,\ldots x_n)$. Nous disons

Définition V.1-1 : L'ultradistribution à support compact S définit un opérateur (de convolution) hyperbolique par rapport à t_+ (resp. t_-) s'il existe une solution élémentaire $E(x,t) \in \bigcup_{M_{(p)} \in \mathcal{M}} \mathcal{D}'(M_{(p)})$ ayant son support dans un cône strictement convexe contenu dans un demi espace $t \geq t_o$ (resp. $t \leq t_o$)

Remarque : Dans le cas d'un opérateur différentiel d'ordre fini, on sait (cf. [16], théorème 5.5.1) que s'il est hyperbolique par rapport à une direction, il l'est par rapport à la direction opposée. Il n'en est rien dans le cas d'un opérateur différentiel d'ordre infini. Ainsi l'opérateur $P(D)$ avec

$$\hat{P}(\tau) = \prod_{j=1}^{\infty} \left(1 - i \frac{\tau}{j^2}\right), \qquad (i = \sqrt{-1})$$

possède une solution élémentaire de support dans $t \geq 0$, mais ne possède pas de solution élémentaire de support dans $t \leq t_o$, pour tout $t_o \geq 0$

2 - Caractérisation des opérateurs hyperboliques : Soit S une ultradistribution à support compact, on a le théorème suivant qui étend un théorème de M. Ehrenpreis (cf. [11]) au cas des ultradistributions.

<u>Théorème V.1-1</u> : <u>Les trois conditions suivantes sont équivalentes</u>

<u>(i)</u> S <u>est hyperbolique par rapport à</u> t_- (resp. t_+)

<u>(ii)</u> S <u>est inversible dans</u> $\mathcal{J} = \bigcup_{M_{(p)} \in \mathcal{M}} \mathcal{D}'(M_{(p)})$ <u>et il existe en outre une suite</u> $M_{(p)} \in \mathcal{M}$ <u>et des constantes positives</u> a, H <u>telles que pour tout</u> $(z,\tau) \in \mathbb{C}^n \times \mathbb{C}$ <u>la condition</u> $\hat{S}(z,\tau) = 0$ <u>implique</u>

$$\operatorname{Im} \tau \geq -\frac{1}{a}\,(H\|\operatorname{Im} z\| + M((z,\tau)))$$

(Resp. $\operatorname{Im} \tau \leq \frac{1}{a}\,[H\|\operatorname{Im} z\| + M((z,\tau))]$.)

(iii) <u>Il existe une suite</u> $Q_{(p)} \in \mathcal{M}$ <u>et des constantes positives</u> A, B <u>telles que pour tout</u> $(z,\tau) \in \mathbb{C}^n \times \mathbb{C}$ <u>satisfaisant à</u> $\operatorname{Im} \tau \leq -A\,[\|\operatorname{Im} z\| + Q((z,\tau))]$, (<u>resp</u>. $\operatorname{Im} \tau \geq A\,[\|\operatorname{Im} z\| + Q((z,\tau))]$) <u>on a</u> :

$$|\hat{S}(z,\tau)| \geq \frac{1}{B}\operatorname{Exp}\,(-B[\|\operatorname{Im} z\| + |\operatorname{Im} \tau| + Q((z,\tau))\,])$$

<u>Démonstration</u> : (Nous allons raisonner comme Ehrenpreis [11])

<u>(ii) ⟹(iii)</u> : L'opérateur S étant $\mathcal{J}$-inversible, il existe donc une constante positive A_o et une suite $N_{(p)} \in \mathcal{M}$ qu'on peut supposer $N_{(p)} = N_{(g)}$ si $|p| = |g|$ et $N_{(p)} \leq M_{(p)}$ (où $M_{(p)}$ est la suite intervenant dans (ii)) et telle que

$$\forall\,(x,t) \in \mathbb{R}^n \times \mathbb{R}\,, \quad \sup_{\|(x',t')\| \leq N((x,t))} |\hat{S}(x\,x',\ t+t')| \geq B_o \operatorname{Exp}\,[-N((x,t))]$$

Donc pour tout $(z,\tau) \in \mathbb{C}^n \times \mathbb{C}$, on peut trouver $(x,t) \in \mathbb{R}^n \times \mathbb{R}$ tel que

$$\text{(V.1-1)} \qquad \|\operatorname{Re} z - x\| + |\operatorname{Re} \tau - t| \leq N((\operatorname{Re} z,\ \operatorname{Re} \tau))$$

$$\text{(V.1-2)} \qquad |\hat{S}(x,\ t)| \geq B_o \operatorname{Exp}\,[-N(\operatorname{Re}\,(z,\tau))]$$

où $(\operatorname{Re} z)$ = (partie réelle $z_1, \dots,$ partie réelle z_n), $\operatorname{Re} \tau$ = partie réelle de τ .

Comme $N(\frac{\|u\|}{n}, \ldots, \frac{\|u\|}{n}) \leq N(u) \leq N(\|u\|, \ldots, \|u\|), \forall\, u \in \mathbb{C}^{n+1}$ on voit qu'il existe une constante C_0 telle que, pour tout $(z,\tau) \in \mathbb{C}^n \times \mathbb{C}$, on a

$$\text{(V.1-3)} \qquad \sup_{\|(z',\tau')\| \leq 3e(\|(z,\tau)\| + N((z,\tau)))} N((z+z', \tau+\tau')) \leq N((C_0 z, C_0 \tau)) \ , \ C_0 \geq 1$$

Considérons alors la fonction entière d'une seule variable

$$\lambda \longmapsto g(\lambda) = \hat{S}(z + \lambda(x-z), \tau + \lambda(t-\tau))$$

Supposons que (z,τ) vérifie

$$\text{(V.1-4)} \qquad \operatorname{Im} \tau \leq -3H_0(\|\operatorname{Im} z\| + N((C_0 z, C_0 \tau)))$$

où H_0 est une constante supérieure à $\operatorname{Max}(1/3, H/a)$, $H \geq 1$. On a (admettons-le provisoirement) dans ce cas $g(\lambda) \neq 0$, pour tout $|\lambda| \leq \frac{1}{3}$.

On peut appliquer le théorème II.2-1 avec $\lambda_0 = 1$, $r = \frac{2}{9}$ et $\eta = \frac{2}{3e^6} < \frac{r}{16|\lambda_0|}$ (avec ses notations). On obtient :

$$\text{(V.1-5)} \qquad |g(0)| \geq [M_g(3e)]^{-3H(\eta)} [M_g(\tfrac{1}{3})]^{-2} [g(1)]^{3(H(\eta)+1)}$$

où
$$H(\eta) = 2 + \log \frac{3e}{2\eta}$$

Posons $L(z,\tau) = 3e(\|\operatorname{Im} z\| + |\operatorname{Im} \tau| + N(z,\tau))$. Par le principe maximum, on a

$$\text{(V.1-6)} \qquad M_g(3e) = \max_{|\lambda| \leq 3e} |g(\lambda)| \leq \sup_{\|(z',\tau')\| \leq L(z,\tau)} |\hat{S}(z+z', \tau+\tau')|$$

Pour estimer ce dernier terme, nous allons exprimer le fait que $S \in \mathcal{E}'(N_{(p)})$. (On peut choisir $N_{(p)}$ à croissance suffisamment lente pour que $S \in \mathcal{E}'(N_{(p)})$). Il existe donc des constantes A_0 et A_1 telles que

$$|\hat{S}(z,\tau)| \leq A_0 \operatorname{Exp}\left(A_1(\|\operatorname{Im} z\| + |\operatorname{Im} \tau\tau) + N((z,\tau))\right)$$

Donc

$$\sup_{\|(z',\tau')\|\le L(z,\tau)} |\hat{S}(z+z',\ \tau+\tau')| \le$$

$$\le A_0 \ \mathrm{Exp}\ (A_1(\|\mathrm{Im}\ z\|+|\mathrm{Im}\ \tau|+L(z,\tau))\ ) \sup_{\|(z',\tau')\|\le L(z,\tau)} \mathrm{Exp}\ \ N((z+z',\ \tau+\tau'))$$

D'où, vu la définition de $L(z,\tau)$, et tenant compte de (V.1-3) ; (V.1-6) devient

$$M_g(3e) \le A_0\ \mathrm{Exp}(A_1(3e+1)(\|\mathrm{Im}\ z\|+|\mathrm{Im}\ \tau|+ 3e\ A_1 N((z,\tau)) + N((C_o z,\ C_o\tau))\ )$$

Donc, de (V.1-5), on a <u>a fortiori</u>, compte tenu de (V.1-2) et de $N((z,\tau)) \le N(C_o(z,\tau))$, ($C_o > 1$!)

$$|\hat{S}(z,\tau)|=|g(0)| \ge [B_o \mathrm{Exp}(-N((z,\tau)))]^{3(H(\eta)+1)} \times$$

$$[A_o \mathrm{Exp}(A_1(3e+1)(\|\mathrm{Im}\ z\|+ |\mathrm{Im}\ \tau|) + (3eA_1+1)N((C_o z,\ C_o\tau)))]^{(-3H(\eta)-2)}$$

Soit, en résumant, pour tout $(z,\tau) \in \mathbb{C}^n \times \mathbb{C}$ vérifiant

$$\mathrm{Im}\ \tau \le -3\ H\ [\|\mathrm{Im}\ z\|+ N((C_o z,\ C_o\tau))]$$

On a

$$|\hat{S}(z,\tau)| \ge C_1\ \mathrm{Exp}\ [-C_2(\|\mathrm{Im}\ z\| + |\mathrm{Im}\ \tau| + N((C_o z,\ C_o\tau))]$$

avec $C_1 = B_o^{3(H(\eta)+1)} / A_o^{3H(\eta)+2}$

$$C_2 = \mathrm{Max}\ \left(A_1(3e+1)(3H(\eta)+2),\ 3(H(\eta)+1) + (3eA_1+1)(3H(\eta)+2)\right)$$

Donc, la condition (iii) est remplie .

Montrons enfin que $g(\lambda) \neq 0$, pour tout $|\lambda| \le \frac{1}{3}$. Posons

$$Z = z + \lambda(x-z)$$

$$T = \tau + \lambda(t-\tau)$$

avec (z,τ) satisfaisant à (V.1-4) et $(x,t) \in \mathbb{R}^n \times \mathbb{R}$ satisfaisant à (V.1-1).

Nous allons montrer que $(Z, T) \in \mathbb{C}^n \times \mathbb{C}$ ne satisfait pas à l'inégalité de la condition (ii) si $|\lambda| = |\lambda_1 + i\lambda_2| \leq \frac{1}{3}$, donc a fortiori $\hat{S}(Z,T) \neq 0$.
En effet, tenant compte de (V.1-4), on a

$$\text{(V.1-7)} \qquad \operatorname{Im} T = (\operatorname{Im} \tau)(1-\lambda_1) + \lambda_2(t - \operatorname{Re} \tau) \leq$$

$$\leq -3H_0(1-\lambda_1)[\|\operatorname{Im} z\| + N((C_0 z, C_0 \tau))] + |\lambda_2| \cdot |t - \operatorname{Re} \tau|$$

et

$$\|\operatorname{Im} z\| \leq (1-\lambda_1)\|\operatorname{Im} z\| + |\lambda_2| \|x - \operatorname{Re} z\|$$

Soit
$$-(1-\lambda_1)\|\operatorname{Im} z\| \leq -\|\operatorname{Im} Z\| + |\lambda_2| \|x - \operatorname{Re} z\|$$

Portant ceci dans (V.1-7), on obtient

$$\operatorname{Im} T \leq -3H_0[\|\operatorname{Im} Z\| + (1-\lambda_1) N(C_0 z, C_0 \tau))] + |\lambda_2|(3H_0\|x - \operatorname{Re} z\| + |t - \operatorname{Re} \tau|)$$

Puisque $3H_0 \geq 1$ et $N((\operatorname{Re} z, \operatorname{Re} \tau)) \leq N(C_0(z,\tau))$, on a, compte tenu de (V.1-1)

$$\operatorname{Im} T \leq -3H_0[\|\operatorname{Im} Z\| + (1-\lambda_1 - |\lambda_2|) N(C_0(z,\tau))]$$

Soit

$$\text{(V.1-8)} \quad \operatorname{Im} T \leq -3H_0\|\operatorname{Im} Z\| - H_0 N(C_0(z,\tau)) \leq -\frac{1}{a}(K\|\operatorname{Im} Z\| + N((Z,T)))$$

car $1 - \lambda_1 - |\lambda_2| \geq \frac{1}{3}$, $H_0 \geq \frac{K}{a} \geq \frac{1}{a}$, tandis que (V.1-3) montre que

$$-N((C_0 z, C_0 \tau)) \leq -\sup_{\|(z',\tau')\| \leq 3e(\|(z,\tau)\| + N(z,\tau))} N((z+z', \tau+\tau')) \leq -N(Z,T)$$

Vu la définition de (Z,T). Enfin, puisque $N_{(p)} \leq M_{(p)}$, on a

$$M((z,\tau)) \leq N((z,\tau)) \; ;$$

(V.1-8) donne alors

$$\operatorname{Im} T \leq -\frac{1}{a}(K\|\operatorname{Im} Z\| + M((Z,T)))$$

donc
$$g(\lambda) = \hat{S}(Z,T) \neq \quad \text{d'après (ii)}. \qquad \text{c.q.f.d.}$$

<u>(iii) ==>(i)</u> : D'après la proposition III.1-3, on peut remplacer ${}_1Q_{(p)}$ par une suite $N_{(p)} \leq Q_{(p)}$ très régulière telle que $\lim\limits_{|p| \to +\infty} \left(\frac{Q_{(p)}}{N_{(p)}}\right)^{\frac{1}{|p|}} = \infty$.
La suite $k_\ell = \inf\limits_{|p|=\ell} \left(\frac{Q_{(p)}}{N_{(p)}}\right)^{\frac{1}{|p|}}$ tend donc vers l'infini, elle est donc $N_{(p)}$-adaptée. Comme $Q((x,t)) \leq N_k((x,t))$ où, rappelons-le, $N_k((x,t)) = $
$= \mathrm{Log} \sup\limits_{(p)} \frac{|(x,t)^{(p)}|}{k_{|p|}^{|p|} N_{(p)}}$, la condition (iii) entraîne alors

$$(V.1\text{-}9) \qquad |\hat{S}(z,\tau)| \geq \frac{1}{B} \operatorname{Exp}\left(-B[\|\operatorname{Im} z\| + |\operatorname{Im} \tau| + N_k((z,\tau))]\right)$$

pour tout $(z,\tau) \in \mathbb{C}^n \times \mathbb{C}$ satisfaisant à

$$\operatorname{Im} \tau \leq -A\,[\|\operatorname{Im} z\| + N_k((z,\tau))]$$

Pour tout $z \in \mathbb{C}^n$, désignons par $\Gamma(z)$ la courbe dans le plan $\mathbb{C}$ définie par $\tau = \tau_1 + i\,\tau_2$ avec $\tau_1, \tau_2 \in \mathbb{R}$ et $\tau_2 = -A[\|\operatorname{Im} z\| + N_k((z,\tau))]$ orientée dans le sens des τ_1 croissantes. Ceci étant, considérons la forme linéaire sur $\mathcal{D}(N_{(p)})$ définie par

$$\varphi \longmapsto E(\varphi) = \left(\frac{1}{2\pi}\right)^{n+1} \int_{z=x} \left(\int_{\Gamma(z)} \frac{\hat{\varphi}(-z,-\tau)}{\hat{S}(z,\tau)}\, d\,\tau \right) dx$$

Vu l'estimation (V.1-9) sur la croissance de $|\hat{S}(z,\tau)|^{-1}$ cette intégrale est convergente ; elle est même bornée sur les parties bornées de $\mathcal{D}(N_{(p)})$, donc $E \in \mathcal{D}'(N_{(p)})$. Enfin si $\varphi = S * \psi$, on a en déformant $\Gamma(z)$ à $\mathbb{R}$, $E(\varphi) = \psi(0) = \delta(\psi)$. Soit $\check{S} * E = \delta$ ou $S * \check{E} = \delta$. Il nous reste à montrer que le support de E est contenu dans le cône strictement convexe suivant :

$$\Gamma = \{(x,t) \in \mathbb{R}^n \times \mathbb{R} \mid t \leq \frac{\|x\|}{A} + B(1 + \frac{1}{A})\}$$

Soit en effet $\varphi \in \mathcal{D}(N_{(p)})$ telle que l'enveloppe convexe de son support ne rencontre pas Γ. Montrons qu'on a $E(\varphi) = 0$. Et notre résultat en résulte car toute $\psi \in \mathcal{D}(N_{(p)})$ dont le support ne rencontre pas Γ, s'écrit sous la forme d'une somme finie de telles φ. Notons par Φ l'enveloppe convexe du support de φ et $H_\Phi(z,\tau)$ sa fonction d'appui. Comme $\varphi \in \mathcal{D}(N_{(p)})$, il existe des constantes D_o et h telles que

$$\text{(V.1-10)} \quad |\hat{\varphi}(z,\tau)| \leq D_o \operatorname{Exp}\left(H_\Phi(z,\tau) - N((h\, z,\, h\tau))\right)$$

Mais $\Phi \cap \Gamma = \emptyset$. D'après Hahn-Banach, il existe $x_o \in \mathbb{R}^n$, $\|x_o\| = 1$ et une constante $B_1 > B\,(1 + \frac{1}{A})$ tels que tout $(x,t) \in \Phi$ vérifie :

$$t \geq \frac{<x,\, x_o>}{A} + B_1$$

Donc, pour $z = x + i\lambda x_o$, $\lambda > 0$ et $\tau = \tau_1 + i(-A(\lambda + N_k((z,\tau)))$, on a

$$H_\Phi(z,\tau) = \sup_{(x,t)\in\Phi} (<x.\ \mathrm{Im}\ z> + (t.\ \mathrm{Im}\ \tau)) \leq$$

$$\leq \sup_{(x,t)\in\Phi} [\lambda <x.x_o> - A\left(\frac{<x.x_o>}{A} + B_1\right)(\lambda + N_k((z,\tau)))]$$

Soit

$$H_\Phi(z,\tau) \leq \sup_{(x,t)\in\Phi} [(|<x.x_o>| - B_1 A) N_k((z,\tau)) - \lambda A B_1] \leq D_1 N_k((z,\tau)) - \lambda A B_1$$

où $D_1 = \sup_{(x,t)\in\Phi} |<x.x_o>| - B_1 A$. L'estimation (V.1-10) donne alors

$$|\hat{\varphi}(-z,-\tau)| \leq D_o\, e^{-\lambda A B_1} \operatorname{Exp}\,(D_1 N_k((z,\tau)) - N((hz,\, h\tau)))$$

Par suite, tenant compte de (V.1-9) et de la définition de $\Gamma(z)$, l'intégrale

$$E_\lambda(\varphi) = \left(\frac{1}{2\pi}\right)^{n+1} \int_{z=x+i\lambda x_o} \left(\int_{\Gamma(z)} \frac{\hat{\varphi}(-z,-\tau)}{\hat{S}(z,\tau)}\, d\tau \right) dx$$

est majorée en module par

$$\left(\frac{1}{2\pi}\right)^{n+1} D_o B\, e^{-\lambda(AB_1 - AB - B)} \left| \int_{z=x+\lambda x_o} \int_{\Gamma(z)} \operatorname{Exp}\,[(D_1 + B + AB) N_k((z,\tau)) - N((hz, h\tau))]\, d\tau\, dz \right|$$

La suite $(k_\ell)_{\ell \in \mathbb{N}}$ étant $N_{(p)}$-adaptée, il existe une constante D_2 telle que la quantité sous signe d'intégration est majorée en module par $\frac{D_2}{(1+\|(z,\tau)\|)^{n+2}}$. Il existe donc une constante D_3 , indépendante de λ, telle que :

$$|E_\lambda(\varphi)| \leq \left(\frac{1}{2\pi}\right)^{n+1} D_3 D_o\, B\, e^{-\lambda(AB_1-AB-B)}$$

Or, la fonction $\hat{\varphi}(z,\tau)/\hat{S}(z,\tau)$ étant analytique pour $(z,\tau) \in \mathbb{C}^n \times \mathbb{C}$ avec τ vérifiant $\operatorname{Im} \tau \leq -A[\|\operatorname{Im} z\| + Q(z,\tau)]$, tenant compte de leur décroissance à l'infini, on voit que $E_\lambda(\varphi)$ ne dépend pas λ(pour $\lambda>0$). Donc

$$|E(\varphi)| = |E_o(\varphi)| = |E_\lambda(\varphi)| \leq \left(\frac{1}{2\pi}\right)^{n+1} D_3 D_o\, B\, e^{-\lambda(AB_1-AB-B)}$$

où $(AB_1-AB-B) > 0$, et en faisant tendre λ vers $+\infty$, on a $E(\varphi) = 0$. Par suite $E(\psi) = 0$ pour toute $\psi \in \mathcal{D}(N_{(p)})$ dont le support ne rencontre pas Γ .

<u>(i) ==>(ii).</u> Désignons par E_a l'espace $\mathcal{E}_o(M_{(p)}, \Omega_a)$ avec $\Omega_a = \mathbb{R}^n \times]-a,+a[$, par E_a^+(resp. E_a^-) l'espace $\mathcal{E}_o(M_{(p)}, \Omega_a^+)$ (resp. $\mathcal{E}_o(M_{(p)}, \Omega_a^-)$) où $\Omega_a^+ = \mathbb{R}^n \times]-a, +\infty[$ (resp. $\Omega_a^- = \mathbb{R}^n \times]-\infty, a[$. Soit $s > 0$ tel que l'ensemble Ω_s contient le support de S .

Supposons que S possède une solution élémentaire E_+ de support dans le cône défini par l'équation $k_1\|x\| \leq t + k$ (resp. E_- , de support dans $k_1\|x\| \leq k-t$) . Supposons en outre que E_+(resp. E_-) opère sur la classe $M_{(p)}$. Soit $a > 2s + k$. On désigne par $E_a(S)$ le sous-espace vectoriel fermé des $f \in E_a$ satisfaisant à $(S * f)(x,t) = 0$, si $|t| < a-s$. L'espace $E_a(S)$ est muni de la topologie induite par E_a . Il vient en lemme la

<u>Proposition V.1-2 :</u> <u>Si</u> S <u>est hyperbolique (dans</u> $\mathcal{D}'(M_{(p)})$) <u>par rapport à</u> t_+ (resp. t_-) , <u>alors pour tout</u> $f \in E_a(S)$, <u>il existe une et une seule</u> $\tilde{f} \in E_s^+$ ($\tilde{f} \in E_s^-$) <u>telle que</u> $(S * \tilde{f})(x,t) = 0$ <u>pour tout</u> (x,t) <u>vérifiant</u> $t \geq 0$

(resp. $t \leq 0$) et $(\overline{f} - f)(x,t) = 0$ pour tout (x,t) vérifiant $|t| \leq s$; l'application $f \longmapsto \overline{f}$ étant continue .

Démonstration : Soit $\epsilon > 0$ tel que $a > 2s + k + \epsilon$. Soit N_ℓ une suite simple de $\mathcal{N}$ vérifiant $N_\ell \leq M_{(p)}$ si $|p| = \ell$. Soit $\alpha \in \mathcal{E}_0(N_\ell,]-\infty, a[)$ fonction de la variable t, identique à 1 sur $]-\infty, a-\epsilon]$. La fonction $S * \alpha f = S * f + S *(\alpha-1)f$ s'annule pour $t \in [-a+s, a-s-\epsilon]$. Ecrivons

$$S * \alpha f = g_+ + g_-$$

où g_+ a son support dans le demi-espace $t \geq a - s - \epsilon$ et g_- a son support dans le demi-espace $t \leq -a + s$. La fonction $E_+ * g_+$ a donc son support dans le demi-espace $t \geq a - s - k - \epsilon$. Donc, $\alpha f - E_+ * g_+$ coïncide avec f sur le demi-espace $t \leq a - s - k - \epsilon$ et a fortiori pour tout $t \leq s$. Soit alors

$$\overline{f} = \text{Restriction de } (\alpha f - E_+ * g_+) \text{ à } \Omega_s^+$$

Il vient

$$S * \overline{f} = S * (\text{restriction de } g_- \text{ à } \Omega_s^+)$$

Elle est donc nulle dans Ω_0^+ . Soit, par continuité

$$(S * \overline{f})(x,t) = 0 \quad \text{pour tout } (x,t) \text{ avec } t \geq 0 .$$

D'où l'existence.

L'unicité : le problème étant linéaire, il revient à montrer que $\overline{f} \in E_s^+$ si on a : $\overline{f}$ s'annule sur Ω_s et $S * \overline{f}$ s'annule sur Ω_0^+ alors $\overline{f}$ est nulle dans E_s^+ . Comme $\overline{f}$ s'annule sur Ω_s , on peut la prolonger par zéro à $\mathbb{R}^n \times \mathbb{R}$. Soit

$$f_1(x,t) = \begin{cases} \overline{f}(x,t) & \text{si } (x,t) \in \Omega_s \\ 0 & \text{si } (x,t) \notin \Omega_s , \end{cases}$$

définie sur $\mathbb{R}^n \times \mathbb{R}$. On vérifie qu'on a encore

$$\forall (x,t) \in \mathbb{R}^n \times \mathbb{R} \quad (S * f_1)(x,t) = 0$$

d'où

$$f_1 = E_+ * (S * f_1) = 0$$

Quant à la continuité de l'application $f \longmapsto \overline{f}$, elle résulte du fait que $f \longmapsto \alpha f$ et que $f \longmapsto E_+ * g_+$ sont des opérations continues .

Fin de la démonstration du théorème V.1-1 : La condition (i) implique donc que l'application $f \longmapsto \overline{f}$ de $E_a(S)$ dans E_s^- est continue. Il en résulte que $f \longmapsto \overline{f}(0,-2a)$ définit une forme linéaire continue sur $E_a(S)$, il existe donc un compact $K \subset \Omega_a$ et des nombres positifs h_1 et h_2 tels que

$$|\overline{f}(0,-2a)| \leq h_1 \|f\|_{K,h_2}$$

où

$$\|f\|_{K,h} = \operatorname*{Sup}_{K} \operatorname*{Sup}_{(p)} \left| \frac{D^{(p)} f(x,t)}{h^{|p|} M_{(p)}} \right|$$

Considérons les fonctions

$$\overline{f}(x,t) = \operatorname{Exp}(-i\ t\ \tau + i\langle z.x\rangle) \quad \text{où} \quad (z,\tau) \text{ est tel que } \hat{S}(z,\tau) = 0$$

On a

$$|\overline{f}(0,-2a)| = \operatorname{Exp}(-2a.\ \operatorname{Im} \tau)$$

et

$$\|\overline{f}\|_{K,h} \leq \operatorname{Exp}\left[M\left(\left(\frac{z}{h}, \frac{\tau}{h}\right)\right) + a\ |\operatorname{Im} \tau| + k\ \|\operatorname{Im} z\|\right]$$

où

$$k = \operatorname*{Max}_{(x,t)\in K} \|x\|$$

D'où

$$\operatorname{Im} \tau \geq -\frac{h_1}{a} \left[k\ \|\operatorname{Im} z\| + M\left(\left(\frac{z}{h_2}, \frac{\tau}{h_2}\right)\right)\right]$$

c.q.f.d.

En corollaire, nous avons la

Proposition V.1-3 : Si $\hat{P}(z,\tau)$ est un polynôme homogène, alors $P(D)$ est $\mathcal{D}'(M_{(p)})$-hyperbolique par rapport à t_- si et seulement si $P(D)$ est $\mathcal{D}'$-hyperbolique par rapport à t .(Donc $P(D)$ est aussi hyperbolique par rapport à t_+)

<u>Démonstration</u> : La condition est évidemment suffisante. Pour la nécessité : la condition (ii) du théorème V.1-1 montre en effet

$$\forall \ (x,\tau) \in \mathbb{R}^n \times \mathbb{C}, \quad \hat{P}(x,\tau) = 0 \Longrightarrow \operatorname{Im} \tau \geq -\frac{1}{a} M((x,\tau))$$

Mais $\hat{P}$ étant homogène, $(\lambda x, \lambda\tau)$ est aussi un zéro de $\hat{P}$; d'où pour $\lambda > 0$, on a

$$\operatorname{Im} \tau \geq -\frac{1}{a} \frac{M((\lambda x, \lambda\tau))}{\lambda}$$

En faisant tendre λ vers $+\infty$, on voit que $\operatorname{Im} \tau \geq 0$. Mais $(-x, -\tau)$ est zéro de $\hat{P}$, d'où $\operatorname{Im}(-\tau) \geq 0$, soit $|\operatorname{Im} \tau| = 0$. Ce qui prouve que $t \longmapsto \hat{P}(x,t)$ n'a que des zéros réels pour tout $x \in \mathbb{R}^n$ donné. En particulier $\hat{P}(0,t) \neq 0$. Donc, d'après le théorème 5.5-3 (cf.[16]) de Hörmander, $P(D)$ est $\mathcal{D}'$-hyperbolique, i.e, il existe une distribution E, solution élémentaire de $P(D)$, de support contenu dans un cône strictement convexe dans un demi espace $t \geq t_o$ ou $t \leq t_o$.

c.q.f.d.

<u>Remarque</u> : M. Schapira montre (cf.[31]) que si un opérateur différentiel $P(D)$ d'ordre m est hyperbolique dans notre sens, alors $P(D) + Q(D)$ l'est encore, pourvu que l'opérateur différentiel $Q(D)$ soit d'ordre strictement inférieur à m. Nous n'avons pas pu montrer un résultat analogue pour un opérateur d'ordre infini.

<u>Problème</u> : Soit P un opérateur différentiel d'ordre infini (qui est d'ordre non fini par rapport à t) et qui est hyperbolique par rapport à t_+. L'opérateur $P + Q$ est-il hyperbolique en t_+ pour tout opérateur différentiel Q d'ordre $m < +\infty$?

§ 2 - Problème de Cauchy

1. <u>Problème d'existence</u> : Soit $P(D)$ un opérateur différentiel d'ordre infini (d'ordre non fini par rapport à t) opérant sur $\mathcal{D}'(M_{(p)})$ et qui est $\mathcal{D}'(M_{(p)})$-inversible.

Soit Ω un ouvert P-convexe, dont l'intersection avec l'hyperplan $t = 0$ ne soit pas vide. Notons par $\Omega(x)$ cette intersection. Il vient le

Théorème V.2-1 : Sous les hypothèses précédentes, pour toute $f \in \mathcal{E}_o(M_{(p)},\Omega)$ et tout $(a_o,\ldots a_m) \in [\mathcal{E}_o(M_{(p)}, \Omega(x))]^{m+1}$ il existe $u \in \mathcal{E}_o(M_{(p)}, \Omega)$ telle que

$$P\,u = f \quad \text{dans} \quad \Omega$$

et

$$(D_t^{j-1}u)(x,0) = a_j(x) \quad \text{dans} \quad \Omega(x) \quad \text{pour} \quad j = 0,1,\ldots,m$$

Démonstration : D'après nos hypothèses, il existe $w \in \mathcal{E}_o(M_{(p)},\Omega)$ telle que $Pw = f$. Le changement de variable $u = v + w$ ramène le problème au cas où $f = 0$. Soit $E_o(P) = \{u \in \mathcal{E}_o(M_{(p)},\Omega)$ telle que $P\,u = 0\}$ muni de la topologie induite par $\mathcal{E}_o(M_{(p)},\Omega)$. C'est un Frechet-Schwartz. Il s'agit de montrer que l'application $T : u \longmapsto (u(x,0),\ldots, \left(\frac{\partial^m}{\partial t^m} u\right)(x,0))$ est surjective de $E_o(P)$ sur $F = [\mathcal{E}_o(M_{(p)},\Omega(x))]^{m+1}$. Donc de montrer que l'application transposée ${}^tT$, est injective et d'image fermé, car il s'agit des Frechet-Schwartz. Mais F' s'identifie à $\oplus^{m+1} \mathcal{E}_o'(M_{(p)}, \Omega(x))$ et $(E_o(P))'$ s'identifie à $\mathcal{E}_o'(M_{(p)},\Omega)/E^o$ où E^o est le polaire de $E_o(P)$ dans $\mathcal{E}_o'(M_{(p)},\Omega)$. L'opérateur P étant surjectif de $\mathcal{E}_o(M_{(p)},\Omega)$ sur lui-même, sa transposée, $\check{P}^*$ est d'image fermée et cette image $\check{P}^*(\mathcal{E}_o'(M_{(p)},\Omega))$ est donc égale à E^o. Considérons l'application :

$$L : (U_o,\ldots,U_m) \longmapsto \sum_{j=0}^{m} (-1)^j U_j(x) \otimes \left(\frac{\partial^j}{\partial t^j}\right) \delta(t) \qquad \text{de}$$

$\oplus^{m+1}\mathcal{E}_o'(M_{(p)},\Omega(x))$ dans $\mathcal{E}_o'(M_{(p)},\Omega)$ qui est d'image fermée. Désignant par p la projection naturelle de $\mathcal{E}_o'(M_{(p)},\Omega)$ sur $\mathcal{E}_o'(M_{(p)},\Omega)/E^o$, on voit que $p \circ L$, qui s'identifie à ${}^tT$, est d'image fermée. Montrons enfin que ${}^tT$ est injective ; c'est-à-dire que si $\sum (-1)U_j(x) \otimes \frac{\partial^j}{\partial t^j} \delta(t)$ appartient à E^o, on doit avoir $U_j = 0$ pour $j = 0,\ldots,m$. En d'autre terme, soit

$W \in \mathcal{E}'_0(M_{(p)},\Omega)$ telle que

$$\text{(V.2-1)} \qquad \check{P}(D)\, W = \sum_{j=0}^{m} (-1)^j\, U_j(x) \otimes \frac{\partial^j}{\partial t^j}\, \delta(t)$$

alors pour tout $j = 0,\ldots,m$, $U_j = 0$. Mais la transformation de Fourier donne

$$\forall\ (z,\tau) \in \mathbb{C}^n \times \mathbb{C}\ ,\ \hat{P}(-z,\ -\tau)\ \hat{W}(z,\tau) = \sum_{j=0}^{m} (-1)^j \hat{U}_j(z).(i\tau)^j \quad \text{où} \quad i = \sqrt{-1}$$

Comme P est d'ordre infini par rapport à t, il existe un ensemble non polaire des z tels que $\tau \longmapsto \hat{P}(-z,\ -\tau)$ ne se réduise pas à un polynôme. Pour ces valeurs de z, on a $\hat{W}(z,\tau) = 0$ (pour tout τ), car $\tau \longmapsto \hat{P}(-z,\ -\tau)$ étant une fonction de type exponentiel zéro, a une infinité de zéros, donc $\sum (-1)^j\ \hat{U}_j(z)\ (i\ \tau)^j$ est identiquement nulle. Ceci étant vrai sur un ensemble non polaire, on obtient $\sum (-1)^j\ \hat{U}_j(z)\ (i\ \tau)^j \equiv 0$.

c.q.f.d.

2 - <u>Problème d'unicité</u> : Posons $P(D) = \sum_{j=0}^{\infty} P_j(D_x) D_t^j$ qui est toujours supposé d'ordre infini par rapport à t, i.e, pour tout ℓ, il existe $j > \ell$ tel que $P_j(D_x) \not\equiv 0$, les $P_j(D_x)$ étant des opérateurs différentiels d'ordre fini ou infini en x . On a

<u>Théorème V.2-2</u> : <u>Soit</u> $P(D)$ <u>un opérateur différentiel d'ordre infini opérant sur</u> $\mathcal{D}'(M_{(p)})$, <u>hyperbolique par rapport à</u> t . <u>Soient</u> $\psi \in \mathcal{E}(M_{(p)},\mathbb{R}^{n+1})$ <u>et</u> $\varphi \in \mathcal{E}(M_{(p)}\ \mathbb{R}^{n+1})$ <u>telles que</u>

$$\text{(V.2-2)} \qquad P\ \psi = P\ \varphi = 0$$

<u>et telles qu'il existe un entier</u> m <u>avec</u>

$$\text{(V.2-3)} \qquad (D_t^j(\psi - \varphi))(x,0) = 0 \quad \text{pour tout} \quad j > m$$

Alors on a

$$\psi = \varphi + \sum_{j=0}^{m} a_j(x)\, t^j$$

où les $a_j(x) = \left(\frac{\partial^j}{\partial t^j} (\psi - \varphi)\right)(x,0)$, vérifient le système d'**équations**

$$\begin{pmatrix} P_o & 0 & \cdots\cdots & 0 \\ m\,P_1 & P_o & \cdots\cdots & 0 \\ m(m-1)P_2 & (m-1)P_1 & \cdots\cdots & 0 \\ \vdots & \vdots & & \\ m\,!\,P_m & (m-1)\,P_{m-1} & \cdots\cdots & P_o \end{pmatrix} \begin{pmatrix} a_m \\ a_{m-1} \\ \vdots \\ a_o \end{pmatrix} = 0$$

Démonstration : L'opérateur différentiel opérant sur $\mathcal{D}(M_{(p)})$, rappelons qu'on a $P\,f \in \mathcal{E}$ pour tout $f \in \mathcal{E}(M_{(p)})$. Donc posant

$$w_+ = \begin{cases} \left(\frac{\partial^{m+1}}{\partial t^{m+1}} (\psi - \varphi)\right)(x,t) & \text{si } t > 0 \\ 0 & \text{si } t \le 0 \end{cases}$$

et

$$w_- = \begin{cases} 0 & \text{si } t > 0 \\ \frac{\partial^{m+1}}{\partial t^{m+1}} (\psi - \varphi)(x,t) & \text{si } t \le 0 \end{cases}$$

qui sont, d'après (V.2-3), des éléments de $\mathcal{E}(M_{(p)}, R^{n+1})$. Et, tenant compte de (V.2-2), on a

$$P\,w_+ = P\,w_- = 0$$

Soit E_+ (resp. E_-) la solution élémentaire de P, dont le support est contenu dans le demi-espace $(t \ge 0)$ (resp. $(t \le 0)$). On a

$$w_+ = (E_+ * P) * w_+ = E_+ * (P * w_+) = 0$$

(resp. $w_- = 0$), car la condition sur le support est bien remplie. Donc

$$\forall\ (x,t) \in \mathbb{R}^n \times \mathbb{R}\ ,\ \left(\frac{\partial^{m+1}}{\partial t^{m+1}}(\psi - \varphi)\right)(x,t) = 0$$

Soit $$\psi(x,t) = \varphi(x,t) + \sum_{j=0}^{m} a_j(x)\, t^j$$

avec $a_j(x) = \left(\frac{\partial^j}{\partial t^j} (\psi - \varphi)\right) (x,0)$. De (V.2-3) , on obtient encore

$$P\left(\sum_{j=0}^{m} a_j(x)\, t^j\right) = 0$$

Soit

$$(P_o a_m)\, t^m + (P_o a_{m-1} + m\, P_1 a_m) t^{m-1} + \dots + [m!P_m a_m + (m-1)!P_{m-1} a_{m-1} + \dots + P_o a_o] = 0$$

ce qui prouve que les fonctions $a_o, \dots, a_m$ vérifient l'équation matricielle énoncée.

c.q.f.d.

BIBLIOGRAPHIE

[0] Th. BANG — Om quasi-analytiske funktioner. Thèse University of Copenhagen 1946.

[1] C.A.BERENSTEIN & M.A.DOSTAL — Analytically uniform spaces their application to convolution equations (1972) Lecture note Springer.

[2] G. BJORCK — Lincar partial differential operators and generalized distributions - Ark.Math. 6 (1966) p.351-407.

[3] R.P. BOAS — Entire functions - New-York Acad.Press. 1954.

[4] J. BOMAN — On the intersection of classes of infinitely differentiable functions - Ark.Math. 5 (1964) p. 301-309.

[5] J. BOMAN — On the propagation of analyticity of solution of differentiable equation with constant coefficients - Ark.Math 5 (1964) p. 271-279.

[6] N. BOURBAKI — Espaces vectoriels topologiques - Act. Sc. Ind. 1189 & 1229 - Hermann Paris.

[7] C.C. CHOU — Problème de régularité universelle - C.R. Acad.Sc.Paris t.260 (1965) p. 2397-2399.

[8] C.C. CHOU — Sur les équations de convolutions et les distributions généralisées - C.R. Acad. Sc. Paris - t.265 (1967) p.511-514.

[9] C.C. CHOU — Sur le module minimal des fonctions entières de plusieurs variables complexes d'ordre inférieur à un - C.R. Acad. Sc. Paris - t.267 (1968) p.779-782.

[10] L. EHRENPREIS — Solutions of some problems of division IV. Amer. J. Math. 82 (1960) p.522-588.

[11] L. EHRENPREIS — Solutions of some problems of division V. Amer. J. Math. 84 (1962) p. 324-348.

[12] L. EHRENPREIS — Analytically uniform spaces and some applications - Trans. of. Amer. Math. Soc. 101 p. 52-74.

[13] R. HARVEY — Hyperfunctions and partial differential equations - Stanford Univ. (1966)

[14] L.GARDING & MALGRANGE : — Opérateurs différentiels partiellement hypoelliptique et partiellement elliptique. Math. Scand.9(1961) p. 5-21

[15] A. GROTHENDIECK Espaces vectoriels topologiques - São Paulo 1958

[15 a] A. GROTHENDIECK Produits tensoriels topologiques et espaces nucléaires. Mem. Amer. Math. Soc. 16 (1955)

[16] L. HÖRMANDER Linear partial differential operators - Springer Berlin 1963.

[17] L. HÖRMANDER On the rang of convolution operators - Anal. of Math. 76 (1962) p. 148-170

[18] L. HÖRMANDER Hypoelliptic convolution eauations - Math. Scand. 9 (1961) p. 178-184.

[19] L. HÖRMANDER An introduction to complex analysis in several variables - Van Nostrand N.J. Princeton 1966 .

[20] B.J. LEVIN Distribution of zeros of entire functions. Trans. Math. Monog. American Mathematical Society - Vol 5 (1964).

[21] J.L. LIONS Supports des produits de composition . C. R. Ac. Sc. t 232 (1951) 1530-1532.

[22] B. MALGRANGE Existence et approximation des solutions des équations aux dérivées partielles et des équations de convolution. Ann. Inst. Fourier (1955) p. 271-355.

[23] B. MALGRANGE Sur la propagation de la régularité des solutions des équations à coefficients constants - Bull. Math. Soc. Sci. Math. Phys. Roum. 3(53)(1959) p. 433-440

[24] S. MANDELBROJT Séries adhérentes - Gauthiers Villars Paris 1951.

[25] A. MARTINEAU Sur les fonctionnelles analytiques et la transformation de Fourier-Borel - J. Analy. Math. Jerusalem - Vol. XI (1963) p. 1-164.

[26] A. MARTINEAU Distribution et valeurs au bord des fonctions holomorphes - Proceedings of an international Summer Institute 1964 - Lisbon p 196-326.

[27] A. MARTINEAU Equations différentielles d'ordre infini. Bull. Math. de France. 95(1967) P. 109-154.

[28] A. MARTINEAU Les hyperfonctions de M. Sato - Séminaire Bourbaki 1960/61 N°214.

[29] A. MARTINEAU Fonctions entières de plusieurs variables complexes Notes du Cours d'I.M.P.A de Rio de Janeiro (1965)

[30] M. NEYMARK On the laplace transform of functionals on classes of infinitely differentiable functions. Ark.Math.7 (1969) p. 577-594.

[31] P. SCHAPIRA Sur les ultradistributions - Annal. Sc. Ecole Norm. Sup. Paris 1968, p. 395-415.

[32] C. ROUMIEU Ultradistributions définie sur $\mathbb{R}^n$ et sur certaines classes de variétés différentiables. J. Anal. Math. Jerusalem - Vol X (62/63) p. 153-192.

[33] C. ROUMIEU Sur quelques extensions de la notion de distributions Annal. Sc. Ecole Norm. Sup. Paris (1960), p. 47-121.

[34] L. SCHWARTZ Théorie des distributions I et II - Paris Hermann. 1951.

[35] J. WLOKA Reproduzierende Kerne und nukleare Raüme I et II - Math. Ann. 163 - P. 167-188 (1966) et 172, p. 79-93 (1967).

ecture Notes in Mathematics

mprehensive leaflet on request

. 146: A. B. Altman and S. Kleiman, Introduction to Grothendieck ality Theory. II, 192 pages. 1970. DM 18,–

. 147: D. E. Dobbs, Cech Cohomological Dimensions for Comtative Rings. VI, 176 pages. 1970. DM 16,–

. 148: R. Azencott, Espaces de Poisson des Groupes Localement mpacts. IX, 141 pages. 1970. DM 16,–

. 149: R. G. Swan and E. G. Evans, K-Theory of Finite Groups and ders. IV, 237 pages. 1970. DM 20,–

. 150: Heyer, Dualität lokalkompakter Gruppen. XIII, 372 Seiten. 70. DM 20,–

. 151: M. Demazure et A. Grothendieck, Schémas en Groupes I. GA 3). XV, 562 pages. 1970. DM 24,–

. 152: M. Demazure et A. Grothendieck, Schémas en Groupes II. GA 3). IX, 654 pages. 1970. DM 24,–

. 153: M. Demazure et A. Grothendieck, Schémas en Groupes III. GA 3). VIII, 529 pages. 1970. DM 24,–

. 154: A. Lascoux et M. Berger, Variétés Kähleriennes Compactes. 83 pages. 1970. DM 16,–

. 155: Several Complex Variables I, Maryland 1970. Edited by Horváth. IV, 214 pages. 1970. DM 18,–

. 156: R. Hartshorne, Ample Subvarieties of Algebraic Varieties. , 256 pages. 1970. DM 20,–

. 157: T. tom Dieck, K. H. Kamps und D. Puppe, Homotopietheorie. 265 Seiten. 1970. DM 20,–

. 158: T. G. Ostrom, Finite Translation Planes. IV. 112 pages. 1970. 16,–

. 159: R. Ansorge und R. Hass. Konvergenz von Differenzenverren für lineare und nichtlineare Anfangswertaufgaben. VIII, 145 ten. 1970. DM 16,–

. 160: L. Sucheston, Constributions to Ergodic Theory and Probaty. VII, 277 pages. 1970. DM 20,–

. 161: J. Stasheff, H-Spaces from a Homotopy Point of View. 95 pages. 1970. DM 16,–

. 162: Harish-Chandra and van Dijk, Harmonic Analysis on Reduc p-adic Groups. IV, 125 pages. 1970. DM 16,–

. 163: P. Deligne, Equations Différentielles à Points Singuliers guliers. III, 133 pages. 1970. DM 16,–

. 164: J. P. Ferrier, Seminaire sur les Algebres Complétes. II, 69 pas. 1970. DM 16,–

. 165: J. M. Cohen, Stable Homotopy. V, 194 pages. 1970. DM 16,–

. 166: A. J. Silberger, PGL_2 over the p-adics: its Representations, herical Functions, and Fourier Analysis. VII, 202 pages. 1970. 18,–

. 167: Lavrentiev, Romanov and Vasiliev, Multidimensional Inverse blems for Differential Equations. V, 59 pages. 1970. DM 16,–

. 168: F. P. Peterson, The Steenrod Algebra and its Applications: conference to Celebrate N. E. Steenrod's Sixtieth Birthday. VII, pages. 1970. DM 22,–

. 169: M. Raynaud, Anneaux Locaux Henséliens. V, 129 pages. 1970. 16,–

. 170: Lectures in Modern Analysis and Applications III. Edited by T. Taam. VI, 213 pages. 1970. DM 18,–

. 171: Set-Valued Mappings, Selections and Topological Properties 2^X. Edited by W. M. Fleischman. X, 110 pages. 1970. DM 16,–

. 172: Y.-T. Siu and G. Trautmann, Gap-Sheaves and Extension Coherent Analytic Subsheaves. V, 172 pages. 1971. DM 16,–

. 173: J. N. Mordeson and B. Vinograde, Structure of Arbitrary rely Inseparable Extension Fields. IV, 138 pages. 1970. DM 16,–

. 174: B. Iversen, Linear Determinants with Applications to the ard Scheme of a Family of Algebraic Curves. VI, 69 pages. 1970. 16,–

. 175: M. Brelot, On Topologies and Boundaries in Potential Theory. 176 pages. 1971. DM 18,–

. 176: H. Popp, Fundamentalgruppen algebraischer Mannigfaltigten. IV, 154 Seiten. 1970. DM 16,–

. 177: J. Lambek, Torsion Theories, Additive Semantics and Rings Quotients. VI, 94 pages. 1971. DM 16,–

Vol. 178: Th. Bröcker und T. tom Dieck, Kobordismentheorie. XVI, 191 Seiten. 1970. DM 18,–

Vol. 179: Seminaire Bourbaki – vol. 1968/69. Exposés 347-363. IV. 295 pages. 1971. DM 22,–

Vol. 180: Séminaire Bourbaki – vol. 1969/70. Exposés 364-381. IV, 310 pages. 1971. DM 22,–

Vol. 181: F. DeMeyer and E. Ingraham, Separable Algebras over Commutative Rings. V, 157 pages. 1971. DM 16,–

Vol. 182: L. D. Baumert. Cyclic Difference Sets. VI, 166 pages. 1971. DM 16,–

Vol. 183: Analytic Theory of Differential Equations. Edited by P. F. Hsieh and A. W. J. Stoddart. VI, 225 pages. 1971. DM 20,–

Vol. 184: Symposium on Several Complex Variables, Park City, Utah, 1970. Edited by R. M. Brooks. V, 234 pages. 1971. DM 20,–

Vol. 185: Several Complex Variables II, Maryland 1970. Edited by J. Horváth. III, 287 pages. 1971. DM 24,–

Vol. 186: Recent Trends in Graph Theory. Edited by M. Capobianco/ J. B. Frechen/M. Krolik. VI, 219 pages. 1971. DM 18,–

Vol. 187: H. S. Shapiro, Topics in Approximation Theory. VIII, 275 pages. 1971. DM 22,–

Vol. 188: Symposium on Semantics of Algorithmic Languages. Edited by E. Engeler. VI, 372 pages. 1971. DM 26,–

Vol. 189: A. Weil, Dirichlet Series and Automorphic Forms. V, 164 pages. 1971. DM 16,–

Vol. 190: Martingales. A Report on a Meeting at Oberwolfach, May 17-23, 1970. Edited by H. Dinges. V, 75 pages. 1971. DM 16,–

Vol. 191: Séminaire de Probabilités V. Edited by P. A. Meyer. IV, 372 pages. 1971. DM 26,–

Vol. 192: Proceedings of Liverpool Singularities – Symposium I. Edited by C. T. C. Wall. V, 319 pages. 1971. DM 24,–

Vol. 193: Symposium on the Theory of Numerical Analysis. Edited by J. Ll. Morris. VI, 152 pages. 1971. DM 16,–

Vol. 194: M. Berger, P. Gauduchon et E. Mazet. Le Spectre d'une Variété Riemannienne. VII, 251 pages. 1971. DM 22,–

Vol. 195: Reports of the Midwest Category Seminar V. Edited by J.W. Gray and S. Mac Lane. III, 255 pages. 1971. DM 22,–

Vol. 196: H-spaces – Neuchâtel (Suisse)- Août 1970. Edited by F. Sigrist, V, 156 pages. 1971. DM 16,–

Vol. 197: Manifolds – Amsterdam 1970. Edited by N. H. Kuiper. V, 231 pages. 1971. DM 20,–

Vol. 198: M. Hervé, Analytic and Plurisubharmonic Functions in Finite and Infinite Dimensional Spaces. VI, 90 pages. 1971. DM 16,–

Vol. 199: Ch. J. Mozzochi, On the Pointwise Convergence of Fourier Series. VII, 87 pages. 1971. DM 16,–

Vol. 200: U. Neri, Singular Integrals. VII, 272 pages. 1971. DM 22,–

Vol. 201: J. H. van Lint, Coding Theory. VII, 136 pages. 1971. DM 16,–

Vol. 202: J. Benedetto, Harmonic Analysis on Totally Disconnected Sets. VIII, 261 pages. 1971. DM 22,–

Vol. 203: D. Knutson, Algebraic Spaces. VI, 261 pages. 1971. DM 22,–

Vol. 204: A. Zygmund, Intégrales Singulières. IV, 53 pages. 1971. DM 16,–

Vol. 205: Séminaire Pierre Lelong (Analyse) Année 1970. VI, 243 pages. 1971. DM 20,–

Vol. 206: Symposium on Differential Equations and Dynamical Systems. Edited by D. Chillingworth. XI, 173 pages. 1971. DM 16,–

Vol. 207: L. Bernstein, The Jacobi-Perron Algorithm – Its Theory and Application. IV, 161 pages. 1971. DM 16,–

Vol. 208: A. Grothendieck and J. P. Murre, The Tame Fundamental Group of a Formal Neighbourhood of a Divisor with Normal Crossings on a Scheme. VIII, 133 pages. 1971. DM 16,–

Vol. 209: Proceedings of Liverpool Singularities Symposium II. Edited by C. T. C. Wall. V, 280 pages. 1971. DM 22,–

Vol. 210: M. Eichler, Projective Varieties and Modular Forms. III, 118 pages. 1971. DM 16,–

Vol. 211: Théorie des Matroïdes. Edité par C. P. Bruter. III, 108 pages. 1971. DM 16,–

Please turn over

Vol. 212: B. Scarpellini, Proof Theory and Intuitionistic Systems. VII, 291 pages. 1971. DM 24,-

Vol. 213: H. Hogbe-Nlend, Théorie des Bornologies et Applications. V, 168 pages. 1971. DM 18,-

Vol. 214: M. Smorodinsky, Ergodic Theory, Entropy. V, 64 pages. 1971. DM 16,-

Vol. 215: P. Antonelli, D. Burghelea and P. J. Kahn, The Concordance-Homotopy Groups of Geometric Automorphism Groups. X, 140 pages. 1971. DM 16,-

Vol. 216: H. Maaß, Siegel's Modular Forms and Dirichlet Series. VII, 328 pages. 1971. DM 20,-

Vol. 217: T. J. Jech, Lectures in Set Theory with Particular Emphasis on the Method of Forcing. V, 137 pages. 1971. DM 16,-

Vol. 218: C. P. Schnorr, Zufälligkeit und Wahrscheinlichkeit. IV, 212 Seiten 1971. DM 20,-

Vol. 219: N. L. Alling and N. Greenleaf, Foundations of the Theory of Klein Surfaces. IX, 117 pages. 1971. DM 16,-

Vol. 220: W. A. Coppel, Disconjugacy. V, 148 pages. 1971. DM 16,-

Vol. 221: P. Gabriel und F. Ulmer, Lokal präsentierbare Kategorien. V, 200 Seiten. 1971. DM 18,-

Vol. 222: C. Meghea, Compactification des Espaces Harmoniques. III, 108 pages. 1971. DM 16,-

Vol. 223: U. Felgner, Models of ZF-Set Theory. VI, 173 pages. 1971. DM 16,-

Vol. 224: Revètements Etales et Groupe Fondamental. (SGA 1). Dirigé par A. Grothendieck XXII, 447 pages. 1971. DM 30,-

Vol. 225: Théorie des Intersections et Théorème de Riemann-Roch. (SGA 6). Dirigé par P. Berthelot, A. Grothendieck et L. Illusie. XII, 700 pages. 1971. DM 40,-

Vol. 226: Seminar on Potential Theory, II. Edited by H. Bauer. IV, 170 pages. 1971. DM 18,-

Vol. 227: H. L. Montgomery, Topics in Multiplicative Number Theory. IX, 178 pages. 1971. DM 18,-

Vol. 228: Conference on Applications of Numerical Analysis. Edited by J. Ll. Morris. X, 358 pages. 1971. DM 26,-

Vol. 229: J. Väisälä, Lectures on n-Dimensional Quasiconformal Mappings. XIV, 144 pages. 1971. DM 16,-

Vol. 230: L. Waelbroeck, Topological Vector Spaces and Algebras. VII, 158 pages. 1971. DM 16,-

Vol. 231: H. Reiter, L^1-Algebras and Segal Algebras. XI, 113 pages. 1971. DM 16,-

Vol. 232: T. H. Ganelius, Tauberian Remainder Theorems. VI, 75 pages. 1971. DM 16,-

Vol. 233: C. P. Tsokos and W. J. Padgett. Random Integral Equations with Applications to Stochastic Systems. VII, 174 pages. 1971. DM 18,-

Vol. 234: A. Andreotti and W. Stoll. Analytic and Algebraic Dependence of Meromorphic Functions. III, 390 pages. 1971. DM 26,-

Vol. 235: Global Differentiable Dynamics. Edited by O. Hájek, A. J. Lohwater, and R. McCann. X, 140 pages. 1971. DM 16,-

Vol. 236: M. Barr, P. A. Grillet, and D. H. van Osdol. Exact Categories and Categories of Sheaves. VII, 239 pages. 1971, DM 20,-

Vol. 237: B. Stenström. Rings and Modules of Quotients. VII, 136 pages. 1971. DM 16,-

Vol. 238: Der kanonische Modul eines Cohen-Macaulay-Rings. Herausgegeben von Jürgen Herzog und Ernst Kunz. VI, 103 Seiten. 1971. DM 16,-

Vol. 239: L. Illusie, Complexe Cotangent et Déformations I. XV, 355 pages. 1971. DM 26,-

Vol. 240: A. Kerber, Representations of Permutation Groups I. VII, 192 pages. 1971. DM 18,-

Vol. 241: S. Kaneyuki, Homogeneous Bounded Domains and Siegel Domains. V, 89 pages. 1971. DM 16,-

Vol. 242: R. R. Coifman et G. Weiss, Analyse Harmonique Non-Commutative sur Certains Espaces. V, 160 pages. 1971. DM 16,-

Vol. 243: Japan-United States Seminar on Ordinary Differential and Functional Equations. Edited by M. Urabe. VIII, 332 pages. 1971. DM 26,-

Vol. 244: Séminaire Bourbaki - vol. 1970/71. Exposés 382-399. IV, 356 pages. 1971. DM 26,-

Vol. 245: D. E. Cohen, Groups of Cohomological Dimension One. V, 99 pages. 1972. DM 16,-

Vol. 246: Lectures on Rings and Modules. Tulane University Ring and Operator Theory Year, 1970-1971. Volume I. X, 661 pages. 1972. DM 40,-

Vol. 247: Lectures on Operator Algebras. Tulane University Ring and Operator Theory Year, 1970-1971. Volume II. XI, 786 pages. 1972. DM 40,-

Vol. 248: Lectures on the Applications of Sheaves to Ring Theory. Tulane University Ring and Operator Theory Year, 1970-1971. Volume III. VIII, 315 pages. 1971. DM 26,-

Vol. 249: Symposium on Algebraic Topology. Edited by P. J. Hilton. VII, 111 pages. 1971. DM 16,-

Vol. 250: B. Jónsson, Topics in Universal Algebra. VI, 220 pages. 1972. DM 20,-

Vol. 251: The Theory of Arithmetic Functions. Edited by A. A. Gioia and D. L. Goldsmith VI, 287 pages. 1972. DM 24,-

Vol. 252: D. A. Stone, Stratified Polyhedra. IX, 193 pages. 1972. DM 18,-

Vol. 253: V. Komkov, Optimal Control Theory for the Damping of Vibrations of Simple Elastic Systems. V, 240 pages. 1972. DM 20,-

Vol. 254: C. U. Jensen, Les Foncteurs Dérivés de lim et leurs Applications en Théorie des Modules. V, 103 pages. 1972. DM 16,-

Vol. 255: Conference in Mathematical Logic - London '70. Edited by W. Hodges. VIII, 351 pages. 1972. DM 26,-

Vol. 256: C. A. Berenstein and M. A. Dostal, Analytically Uniform Spaces and their Applications to Convolution Equations. VII, 130 pages. 1972. DM 16,-

Vol. 257: R. B. Holmes, A Course on Optimization and Best Approximation. VIII, 233 pages. 1972. DM 20,-

Vol. 258: Séminaire de Probabilités VI. Edited by P. A. Meyer. VI, 253 pages. 1972. DM 22,-

Vol. 259: N. Moulis, Structures de Fredholm sur les Variétés Hilbertiennes. V, 123 pages. 1972. DM 16,-

Vol. 260: R. Godement and H. Jacquet, Zeta Functions of Simple Algebras. IX, 188 pages. 1972. DM 18,-

Vol. 261: A. Guichardet, Symmetric Hilbert Spaces and Related Topics. V, 197 pages. 1972. DM 18,-

Vol. 262: H. G. Zimmer, Computational Problems, Methods, and Results in Algebraic Number Theory. V, 103 pages. 1972. DM 16,-

Vol. 263: T. Parthasarathy, Selection Theorems and their Applications. VII, 101 pages. 1972. DM 16,-

Vol. 264: W. Messing, The Crystals Associated to Barsotti-Tate Groups: with Applications to Abelian Schemes. III, 190 pages. 1972. DM 18,-

Vol. 265: N. Saavedra Rivano, Catégories Tannakiennes. II, 418 pages. 1972. DM 26,-

Vol. 266: Conference on Harmonic Analysis. Edited by D. Gulick and R. L. Lipsman. VI, 323 pages. 1972. DM 24,-

Vol. 267: Numerische Lösung nichtlinearer partieller Differential- und Integro-Differentialgleichungen. Herausgegeben von R. Ansorge und W. Törnig, VI, 339 Seiten. 1972. DM 26,-

Vol. 268: C. G. Simader, On Dirichlet's Boundary Value Problem. IV, 238 pages. 1972. DM 20,-

Vol. 269: Théorie des Topos et Cohomologie Etale des Schémas. (SGA 4). Dirigé par M. Artin, A. Grothendieck et J. L. Verdier. XIX, 525 pages. 1972. DM 50,-

Vol. 270: Théorie des Topos et Cohomologie Etle des Schémas. Tome 2. (SGA 4). Dirige par M. Artin, A. Grothendieck et J. L. Verdier. V, 418 pages. 1972. DM 50,-

Vol. 271: J. P. May, The Geometry of Iterated Loop Spaces. IX, 175 pages. 1972. DM 18,-

Vol. 272: K. R. Parthasarathy and K. Schmidt, Positive Definite Kernels, Continuous Tensor Products, and Central Limit Theorems of Probability Theory. VI, 107 pages. 1972. DM 16,-

Vol. 273: U. Seip, Kompakt erzeugte Vektorräume und Analysis. IX, 119 Seiten. 1972. DM 16,-

Vol. 274: Toposes, Algebraic Geometry and Logic. Edited by. F. W. Lawvere. VI, 189 pages. 1972. DM 18,-

Vol. 275: Séminaire Pierre Lelong (Analyse) Année 1970-1971. VI, 181 pages. 1972. DM 18,-

Vol. 276: A. Borel, Représentations de Groupes Localement Compacts. V, 98 pages. 1972. DM 16,-

Vol. 277: Séminaire Banach. Edité par C. Houzel. VII, 229 pages. 1972. DM 20,-